追星传奇

从大地形状到“中国天眼”

杨建荣/主编

卞毓麟/著

上海科学普及出版社

科普新说丛书编辑委员会

《追星传奇——从大地形状到“中国天眼”》

撰　　著　卞毓麟

屈原草就新天问
呵壁龙章化巨槎
载我追星穷宇宙
归来满室散流霞

喜赋卞毓麟老弟《追星》佳作。

几个月来目力骤降，只好倩电脑代笔了。

九十岁 王绶琯

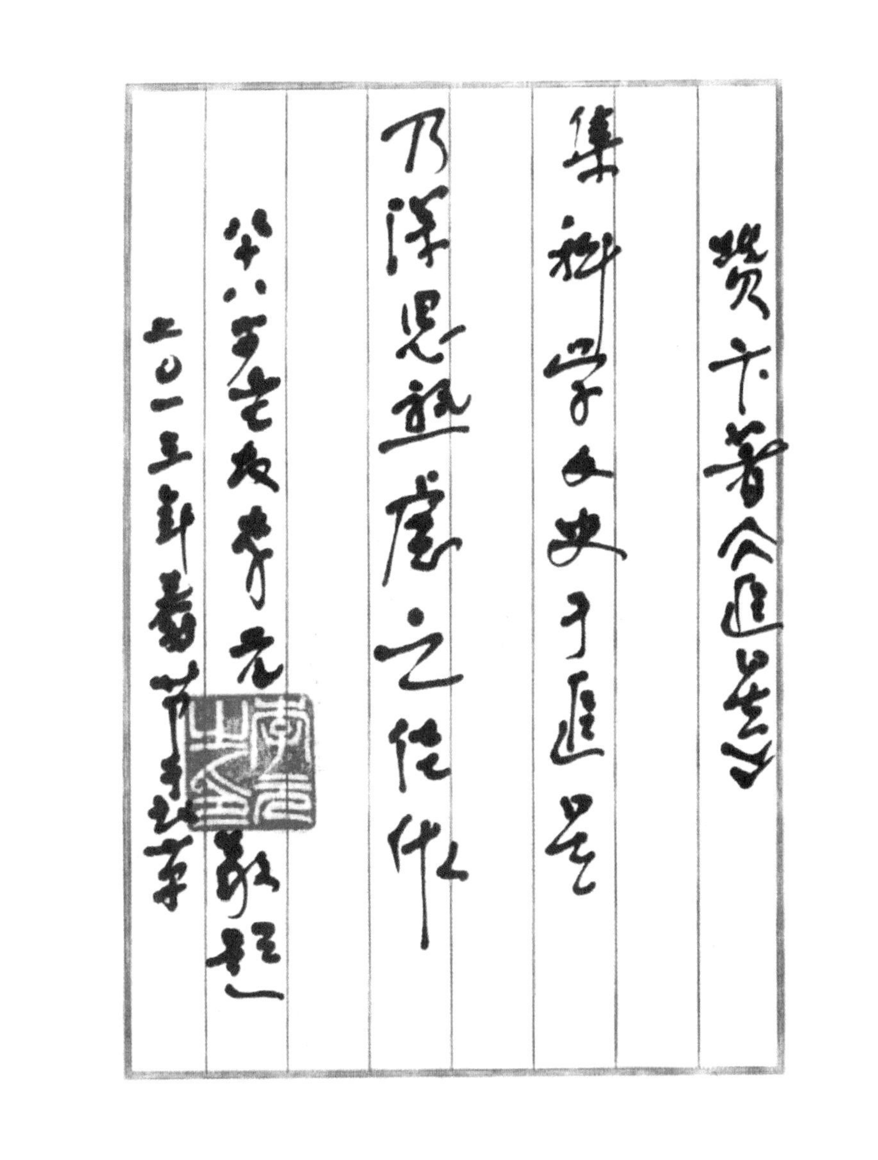
赞卞菁《汇通集》
集科学文史于汇通是
乃深思熟虑之佳作
八十八岁老友李元敬题
二〇一五年春节于北京

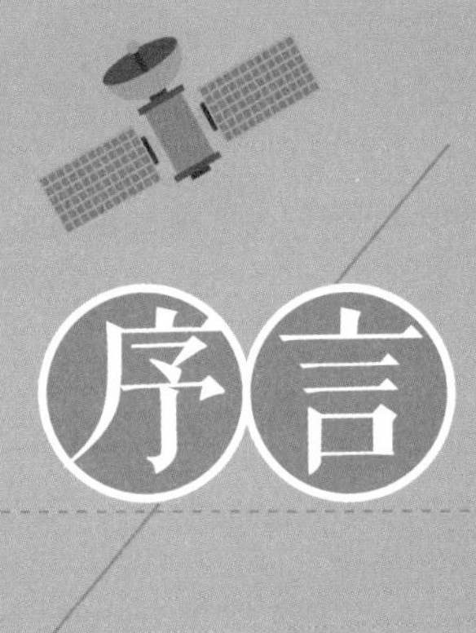

序言

科技创新与科学普及恒久为创新发展坚实的左膀右臂。倘说科研是智慧战场中的突击队和尖刀兵，那么科普则可有效夯实全民科学基础，为创新发展提供源源不断的后备军。当前我国正在积极建设创新型国家，科技创新和科学普及齐头并进，正是实现从制造型国家向创新型国家顺利转型之关窍。

上海的科普发展始终走在全国的前列。“十二五”期间，上海市具备科学素质的公民比例达18.71%，位居全国各省市之首。“十三五”期间，更力争向25%的目标迈进。培养和提高公民科学素质已成为当前中国社会发展的迫切需要，也是上海科技创新中心建设的基石。科学素质的提高是一个多渠道的终身过程，而科普知识的高效传播则是培养和提高公民科学素质的重要抓手和途径之一。

自2012年始，上海科技发展基金会与中国电视唯一读书频道联合推出国内首档电视科普系列讲坛类节目——《科普新说》。节目力邀国内知名专家、学者、权威人士精辟解读科普知识，内容涉及天文、地理、医学、养生保健、食品安全、人文礼仪等方面的知识。截至目前，该节目已于全国多家电视台播放，好评如潮，收视率名列前茅，品牌效应显著。随着相关视频音像的出版发行，《科普新说》已成为丰富群众精神生活、提高公众科学素质的优秀科

普资源。

为了更好地衍生优秀科普资源影响效应，满足群众对于相关领域进一步探求的需要，上海市科学技术协会、上海科技发展基金会和上海科学普及出版社在与《科普新说》部分主讲嘉宾深入沟通后，撷取精华，在此基础上丰富主讲专题内容，联合推出“科普新说丛书”。

“科普新说丛书”从策划到编辑，一是注重内容的扎实可靠，丛书由专家学者深入阐发，科学性强，权威性高；二是兼顾科普书籍的可读性及趣味性，部分章节穿插中药小常识、中医典故和天文知识链接，务求通俗易懂，明白晓畅，让具有初中文化程度以上的读者一目即可了然；三是结合当代阅读方式，附有二维码，让读者在纸质读物与新媒体界面的切换中得到全新的阅读体验，与名老中医抑或其他专家学者得以“面对面”地交流；四是丛书全彩印刷，图文并茂，希望读者因此对药材、中草药、药方、药膳、天文知识事业等的感受更为直观。

科学技术大力普及、公民科学素质整体提高不仅是上海市委对上海市科学技术协会的要求，更是整个上海发展所要建立起的孜孜以求之目标。而出版社作为文化企业，承担着传播和普及科技文化知识的重要责任，力求为广大读者提供普及程度高、覆盖面广，同时又颇有分量的科普图书，搭建起知识流动的桥梁。相较以电视为载体的《科普新说》节目，以纸质

为载体的“科普新说丛书”相信会具有更长久的生命力以及更深远的文化传播意义。

上海市科学技术协会、上海科技发展基金会和上海科学普及出版社衷心希望本丛书一方面能满足群众对科普知识的求知欲，另一方面能以科学的生活方式为指导，与实际生活相对接。在讲科学、爱科学、学科学和用科学的良好氛围的引导下，将科普种子广撒播、入人心，进一步助推公民科学素质的提高。

杨建荣

2017年8月

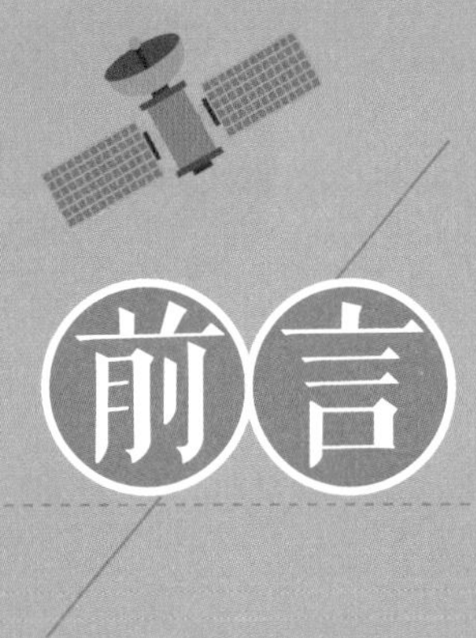

前言

《追星传奇》之缘起，可以一直回溯到2007年。那一年年初，拙著《追星——关于天文、历史、艺术与宗教的传奇》（以下简称《追星》）由上海文化出版社首次推出。

《追星》出版后，迅速获得社会的广泛关注。当年就有近30家媒体刊发书评或报道，8月1日的《新华每日电讯》还发了专电“科普作家卞毓麟16万字讲‘追星’”（记者张建松）。

在短短几年内，按时间先后，《追星》获得的主要褒奖就有：“2007年度上海市优秀科普作品”、“2007年度科学文化与科学普及优秀图书奖”、“新闻出版总署第五次向全国青少年推荐百种优秀图书”（2008年）、海峡两岸“第四届吴大猷科学普及著作奖创作类佳作奖”（2008年）、中国科协成立50周年“10部公众喜爱的科普作品”之30个入围项目之一（2008年）、“第四届国家图书馆文津图书奖”（2008年）和“2010年度国家科学技术进步奖二等奖”。

2008年，山东电视台的读书频道与上海市科学技术协会合作，开创《科普新说》栏目，相中我做开栏“说话人”，选取《追星》之精华编成10讲，每讲半小时，《“追星”系列》（10集）遂由此诞生，先后在多个电视频道播出，反响很不错。2014年年初，上海教育电视台开播《科普新说》系列，

  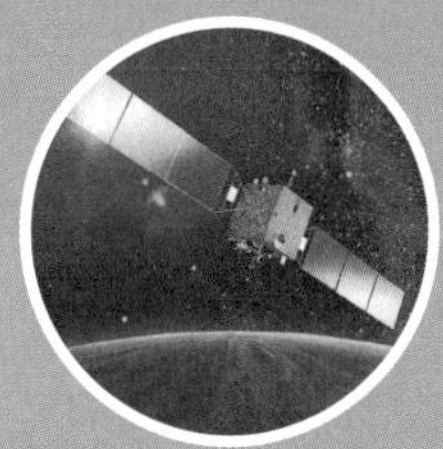

《天文追星》率先出镜，每周一集，播完10集后又重播一轮。

再者，上海科技发展基金会和山东广播电视台读书全国数字电视频道又于2013年共同出品《科普新说》系列光盘，由上海科学普及出版社出版，《天文追星》（10集，5碟装）依然是“排头兵”。2013年7月29日，国家新闻出版广电总局公布面向青少年的50种优秀音像电子出版物推荐目录，这是新闻出版行政部门首次向全国青少年推荐音像电子类出版物，《天文追星》系列光盘是50个被推荐品种中罕有的科普类产品。

那么，《追星》究竟是一部怎样的作品呢？对此，我曾以7000余字的《〈追星〉的创作理念与实践》[①]一文做了较全面的叙述。简而言之，我是希望能在沟通科学文化和人文文化方面做一点新的尝试，因此《追星》可说是一部科学与人文“联姻”的作品。全书以天文学发展为主线，在广阔的历史背景中引出大量与之相关的人文要素，展现了一种新颖的创作风格。在写作中力求语言平易朴实，注重准确及时地反映最新科学进展，追求科学性与文学性的有机统一，以及历史感与画面感的完美呈现。这种画面感，不仅是指书中有众多插图，更是我向往的一种境界：即使全书一幅插图也没有，也能让读者在阅读的过程中，随时在脑海中浮现出一幅幅生动的画面。也就是说，

---

① 姚义贤、陈晓红主编，中国科普作家协会优秀科普作品奖获奖优秀科普作品评介丛书：首届获奖优秀科普作品评介，科学普及出版社，2011年12月版。

画面感直接体现在字里行间。

《追星》出版后，曾有多家媒体的记者问我："这本书的读者对象究竟是谁？是青少年？还是天文爱好者？"我的回答是：它并不是特地为青少年或科学爱好者写的，我心目中的读者是具备中等文化程度的广义的社会公众。我的本意是，这部作品仿佛是为浩瀚的书林增添一道别致的景观，希望游人碰巧看它一眼时，会产生一种"嗨，有趣，还真好看"的感觉。如果一位原本未必对科学感兴趣的人，通过这次愉快的追星之旅，能够体会到"科学，科学人文，确实蛮有意思"，那么本书的初衷也就算兑现了。当然，科学爱好者们也会从书中获得充分的乐趣和收益。

还有几位记者在采访时问及："这本书讲天文，却时而谈到历史，时而谈到艺术，时而又谈到宗教。您是怎么把这么多东西捏到一块儿的？"我说："并不是我把它们弄到一起的。它们本来就是一个整体，我只是努力地反映事情的本来面貌而已。"

海峡两岸"第四届吴大猷科学普及著作奖"在获奖评语中称："这本书让我们认识到另一种更深层次的'追星'，这是植基于人类心灵深处求知的渴望，寻求人格的提升，寻求人类自身的超越的'追星'。如果这样一类'追星'能在年轻朋友中多一些知音，难道不是一件对社会功德无量的事情吗？"

2012年，湖北科学技术出版社启动"中国科普大奖图书典藏书系"项

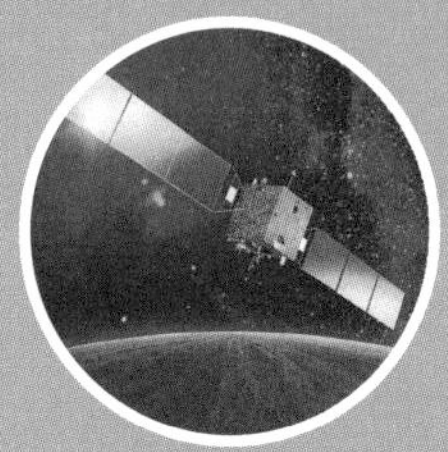

目，初拟收书百种，分辑出版。《追星——关于天文、历史、艺术与宗教的传奇》纳入第二辑，于2013年3月面世。这个新版《追星》，除酌增天文学的相关新进展外，还在卷首新增了王绶琯、李元二位前辈的题诗题词。2014年，这个新版《追星》喜获“第五届中华优秀出版物奖”。

光阴荏苒，转瞬间又是好几年过去了。鉴于早先纸质版《追星——关于天文、历史、艺术与宗教的传奇》和电视节目“科普新说”《天文追星》（10集）取得的成功，考虑到这些年来天文学的新进展，以及不同读者群的需求各有侧重，上海科学普及出版社社长、编审蒋惠雍女士便热忱邀约我在原有的基础上另写一本新书，书名不妨就叫《追星传奇》。这个书名既体现与《追星》的传承性，又表明它并非一般的修订。全书既秉承《追星》原有的特色，内容又有大幅的更新；它最好能更充分地反映近年来天文学的新进展，尤其是我国天文学的重要成果，而人文历史叙事则可酌情收缩。至于如何具体取舍，则完全由我自定。

我感谢蒋惠雍社长的建议，尽力而为。本书继承了先前《追星》一书的体例和风格。全书共有六篇，其中第二篇“重温古人的智慧”、第三篇“天文望远镜传略”和第四篇“太阳系的诗与远方”系在《追星》的基础上改写。第一篇“极简的宇宙景观”、第五篇“太空电波话今昔”和篇幅最大的第六篇“华夏天文谱新曲”则完全是新写。值得一提的是，书中特地保留了几处最

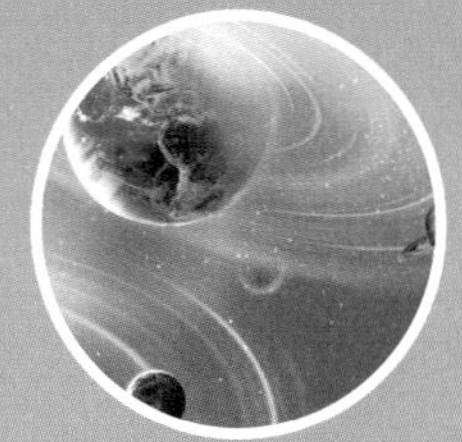

具标志性的印记：王绶琯先生的题诗和李元先生的题词、“小引”的前半和“尾声”的后半。

本书在写作过程中，曾得到我国天文学界前辈领军人叶叔华院士、我的老师方成院士，以及众多同行专家、朋友的热情鼓励、支持和帮助——包括（但不仅限于）提供资料、释疑解惑和慨赠图片，尤其是（以汉语拼音为序）：包曙东、邓劲松、邓元勇、杜福嘉、甘为群、苟利军、侯金良、季海生、李菂、李奇生、梁艳春、林景明、林清、林元章、刘博洋、刘炎、马宇蒨、钱磊、邱育海、商朝晖、唐玉华、王东光、王华宁、王娜、魏建彦、徐稚、颜毅华、杨大卫、余恒、喻京川、袁伟民、詹虎、张双南、赵永恒、郑兴武、朱进。谨在此一并深表谢忱。

卞毓麟

2021年5月

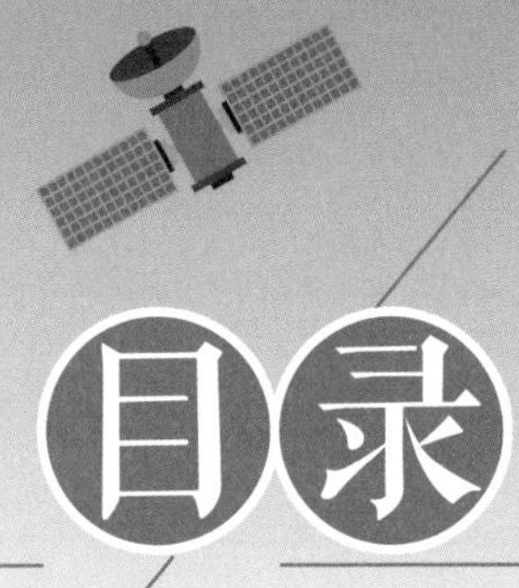

目录

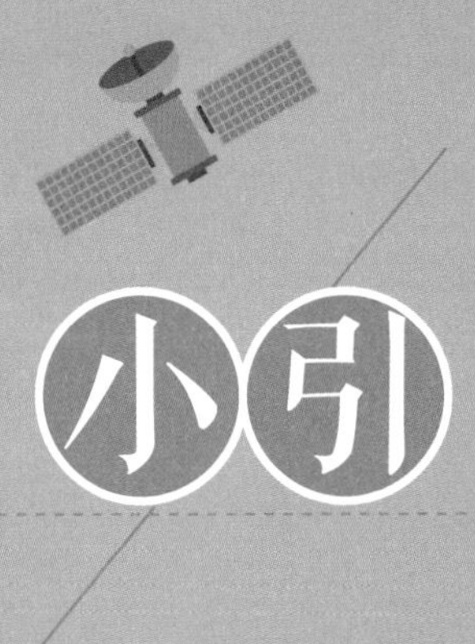

小引

追星是一种时尚。

人们喜欢把优秀的歌手称为“歌星”，把杰出的球员称为“球星”，把当红的电影演员称为“电影明星”，而这些“星”的崇拜者就构成了“追星一族”。

为什么是“星”，而不是别的什么——比如说“花”呢？为什么不称呼他们和她们为“歌花”“球花”和“影花”呢？难道“星”比“花”更可爱，也更招人喜欢吗？

或许是，或许又不是。但是，不管怎样，有一点却是肯定的：人类天生就是“追星族”。如若不信，那就请你想象，在1万年前——不，在10万年前——或许，在50万年前——或者，在更早的时代——

太阳早已落山，大地一片寂静。这是一个无月的晴夜，远处，近处，没有一丝灯光——那时根本就没有灯，没有任何种类、任何形式的灯。在漆黑的天幕上，群星璀璨。原始人惊讶地注视着它们：星星为什么如此明亮，为什么高悬天际，为什么不会熄灭，为什么不会落下……啊，是啊，再也没有什么比星星更能吸引我们远古时代的祖先了。

有时，我想，也许一只猴子，一头牛，或者一条小毛虫，在万籁俱寂的

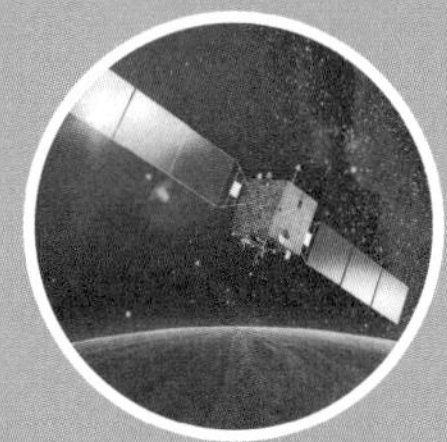

黑夜，仰望奇妙的星空，也会有某种本能的冲动。我不知道这是不是真的。但是，我敢肯定，星星必定从一开始就强烈地吸引了早期人类的注意力，引起了他们的好奇心和求知欲。天长日久，斗转星移，这种好奇心和求知欲，渐渐发展成了一门科学，它就是研究天体运动、探索宇宙奥秘的天文学。

就这样，人类成了天生的“追星族”——追那天上的星。天上的星星形形色色，千差万别。人类通过“追星”，解开了宇宙中的无数谜团。那么，宇宙的真面目究竟是怎样的呢？本书的第一篇，就试图用尽可能简洁的语言来回答这个问题。

人类“追星”，是一个漫长的历史过程。我们的祖先很聪明，他们在“追星”中尽管犯过不少错误，但是他们的智慧依然令后人惊叹。本书第二篇，重温了古代天文学家对行星运动的不懈追究，以及他们如何据此加深了对宇宙体系的认识。

古人只用肉眼观天，那时根本没有望远镜。常言道：工欲善其事，必先利其器。自从意大利科学家伽利略于1609年发明天文望远镜以来，人们见到的各类天体就越来越多了，天文学也随之发生了难以言状的巨大变化。向往探索宇宙奥秘的人，自然希望了解天文望远镜的发展史。本书的第三篇，便是谈论“追星”利器——天文望远镜，以及望远镜制造家们的故事。

有了望远镜，天文学前进的步伐就更坚定有力了。本书第四篇谈的是天

文望远镜问世以后，人类如何追逐越来越遥远的行星；也就是说，人类所知的太阳王国——太阳系的疆界，是如何一而再、再而三地向外扩展的。这是近代科学的伟大胜利，而且处处充满着诗意。

人类从肉眼观天，到使用天文望远镜进行观测，是天文学史上的一次飞跃。从利用光学望远镜接收群星发出的可见光，到借助射电望远镜探测来自宇宙的无线电波，是天文学史上的又一次飞跃。射电望远镜是怎么一回事？它们为天文学带来了哪些喜讯？这正是本书第五篇的主题。

中国古代天文学取得了辉煌的成就。这些年来，中国现代天文事业也有了长足进步，某些方面甚至已居国际领先地位，家喻户晓的"中国天眼"（FAST）就是突出的一例。本书第六篇"华夏天文谱新曲"，专门简介当代中国天文学取得的一系列重要成就。我猜想，听着这部激动人心的交响曲，你一定会对国人如何"追星"增添更加强烈的感受。

"追星"，太富有传奇色彩啦。那么，就让我们从头开始吧！

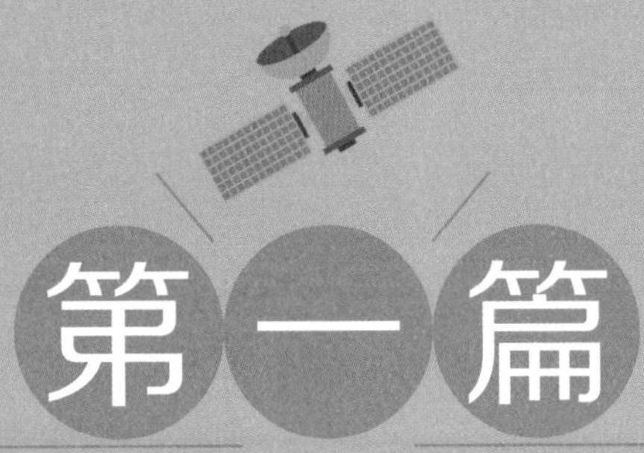

第一篇

极简的宇宙景观

哈勃空间望远镜拍摄的这张图像，显示出成千上万个星系。

第一章　从地球出发

球状的大地

在遥远的古代，人们相信大地是平的，而且仿佛无止境地伸展开去。

然而，渐渐有人注意到，有不少迹象表明，大地其实并不是平的。例如，船只出海时，岸上的人看到船底首先消失，船身仿佛渐渐降到海平面以下，而船帆却依然清晰可见，好像船只正逐渐消失于一座小山之后。倘若地面是弯曲的，就会出现这样的情景。无论船只往什么方向航行，它们都是这样消失的。看来，大地在所有方向上弯曲的程度都相同。

又如，往南远行的旅行家会发现，某些星星会逐渐消失于北方的地平线下，另一些先前未曾见过的星星则会出现于南方的地平线上。而当人们朝北走时，情景恰好相反。倘若大地的表面是平的，就不会发生这种情况。

月食时，地球的影子落到月亮上。无论地影的投射方向如何，它的边缘总是圆形的。因此地球必然是一个真正的球。

人们接受了大地是一个球体的观念。这个球体非常大，它的表面弯曲非常小，所以平时很不容易察觉。

● 图1-01　古希腊学者埃拉托色尼头像。

那么，这个球究竟有多大呢？

早在公元前240年前后，古希腊学者埃拉托色尼（Eratosthenes，图1-01）就巧妙地测量了地球的大小。他知道，6月21日那天正午，在他生活的亚历山大城观测，太阳在天空中大约离天顶（即正对头顶上方的那一点）7.2°，而在亚历山大城以南800千米的塞恩（今埃及阿斯旺）城，太阳却正好位于天顶。

埃拉托色尼断定，出现这种情况的原因，在于地面的弯曲。他根据上面所说的测量得知，在塞恩城到亚历山大城这800千米的距离上地面已经弯曲了7.2°，并由此算出地球的周长大约是40 000千米，直径约12 800千米。

如今的测量技术不知比古希腊时代高出了多少倍。然而，令人惊讶的是，近代的精密测量表明，埃拉托色尼那些粗陋的测算，结果居然相当准确。

月亮有多远

人类很早就发现，夜空中的群星仿佛组成了某种固定不变的图案。整个天穹仿佛每24小时绕地球旋转一周，每颗星星仿佛各自固定在天穹的某一特定位置上，因此古人称它们为“恒星”。

但是，有5颗较亮的星（水星、金星、火星、木星、土星）却似乎在群星间游荡，它们被称为“行星”。月亮和太阳也在不断改变着自身相对于群星的位置。古希腊人看到月亮在群星间的移动比任何行星都快，便认为在所有的天体中月亮必定距离地球最近。这完全正确。于是，在确定地球的大小以后，下一项任务就是测量地球到月亮的距离。

大约在公元前150年，古希腊天文学家依巴谷（Hipparchus，亦译喜帕恰斯、伊巴谷）完成了这一任务。在阳光照射下的地影，伸展到离地球越来越远的地方时，它就会逐渐缩小成一点。依巴谷根据地影到达月亮时的收缩程度，推算出月亮离地球大约有38万千米。这个数字也相当准确，它差不多正好是地球直径的30倍。

现代利用激光技术测定月球的距离，可以精确到几厘米。1969年7月，美国的“阿波罗11号”宇宙飞船第一次将两位宇航员送上月球。他们在月面上安放了第一个供激光测距用的光学后向反射器组件。这种反射器有一种奇妙的特性：当一束光以任何角度投向它时，最后从它反射出来的光总是与入射光的方向严格地平行。因此，从地球上射向它的激光将严格地沿着原方向返回地面发射站。人们可以非常准确地记下向月球发出激光直至接收到反射光信号所需的时间，同时又精确地知道光线的行进速度，于是立刻就能推算出月球距离地球有多远。月球是沿着椭圆轨道环绕地球运行的，它们之间的平均距离是384 400千米。

月球是除了地球以外，人类亲临的唯一星球。半个多世纪来，除了美国，俄罗斯、中国、日本、印度等也各有自己的探月计划。中国的探月方略，是渐次实现“探、登、驻”三大目标：“探”是指发射无人探测器前往月球进行考察；“登”是指航天员登上月球；“驻”是指在月球上建立基地，以便对月球进行时间较长、规模较大的探测和研究。其中的第一阶段“探”，从2004年开始实施，那就是中国的无人探月计划“嫦娥工程”。整个“嫦娥工程”分为三期，通常称为“绕、落、回”三步走：第一期“绕”是指将探测器发射到环绕月球运行的轨道上，在月球上空进行探测（图1-02）；第二

● 图1-02 “嫦娥一号”探测器在月球上空翱翔（艺术形象图）。

期“落”是让探测器降落到月球上，并携带无人驾驶的月球车在月面进行巡视；第三期“回”是让探测器在月球上自动采集岩石和土壤样品，并由返回器将样品送回地球。如今，“绕、落、回”这三步已经圆满完成，本书第六篇“华夏天文谱新曲”将对此做更详细的介绍。

太阳系一瞥

古代天文学家几乎都误以为地球位于宇宙的中心，行星和恒星都绕着地球转动。宇宙观念的不正确给他们的研究工作带来了不少困难。

直到1543年，波兰天文学家哥白尼（Nicolas Copernicus）才提出一种全新的学说。他宣称：太阳（而不是地球）位于宇宙的中心，行星都绕着太阳运转；地球也是一颗行星，同样绕着太阳运行；月球则环绕地球运行，它是地球的“卫星”。太阳与它的这些“随从”一起构成了太阳系。

半个世纪以后，德国天文学家开普勒（Johannes Kepler）进一步指出：如果行星绕太阳运动的轨道并不是正圆而是椭圆，太阳则位于行星轨道椭圆的一个焦点上，那么人们观测到的行星运动的复杂状况便能得到更妥帖的解释。（详见第二篇第三章）

在所有的行星中，水星离太阳最近，然后依次是金星、地球、火星和木星。地球与太阳的距离约为1.5亿千米。古代所知的最远行星是土星，它离太阳约14.2亿千米，接近日地距离的10倍！

某些行星的大小与地球相比相当惊人。土星的直径约为120 000千米，木星则约为142 000千米。11个地球排成一线才有木星的直径那么长。

迄今为止，海王星是太阳系中已知的最远行星。它到太阳的平均距离达约45亿千米，超过地球到太阳距离的30倍！太阳系中比海王星更遥远的疆域，在后文第四篇中还会有更详细的介绍。

第二章 恒星和银河

恒星有"自行"

太阳系并不是整个宇宙。太阳系之外，还有群星在闪耀。

古人为了辨认星空的方便，就用种种虚拟的线条将一些较亮的星星分组分群地连接起来，这些星群称为"星座"。

在现代，国际上统一将整个天空划分成88个大小不等的区域，每个区域就是一个星座，它们有如地球上大小不等的许多国家。每个星座中都有许多星星，人们按一定的规则为它们命名。例如天鹰座中最亮的星，按国际统一称呼，叫作天鹰α（α是希腊语中的第一个字母"阿尔法"）。

天文学家为星星编制了一份份"花名册"，它们称为"星表"。列在星表中的每一颗星，各有一个编号，也可以作为这颗星的名字。例如，在18世纪的法国天文学家拉朗德（Joseph-Jérôme Le Français de Lalande）编制的一份著名星表中，编号为21185的那颗星就叫作拉朗德21185，它是离我们最近的几颗恒星之一。

中国古代也有自己独特的星空划分体系和恒星命名规则。例如，全天最亮的恒星大犬座α，它的中国古星名叫作"天狼"。上面说到的天鹰α，则是我们中国人熟悉的牛郎星。关于星座和星星，有许多趣味盎然的故事，本书第二篇中还会进一步介绍。

古人曾经以为所有的恒星都一样远。但是，到了18世纪，有一些现象引起了天文学家的深思。1718年，英国天文学家哈雷（Edmund Halley）惊讶地发现至少有三颗亮星（天狼星、南河三和大角星）相对于其他恒星的位置，与古希腊天文学家的记载有了明显的差异。也就是说，这些恒星已经移动了！它们显示出了“自行”。

但是，为什么并不是所有的恒星都各奔东西，而是只有极少数恒星才呈现出“自行”呢？

当一只鸟儿从你眼前擦身飞过时，你必须很快转过头来才能盯住它。同一只鸟，如果在天空中飞得很高，那就需要飞很久才能越出你的视线。也就是说，运动物体视位置的变化取决于它与观测者的距离。

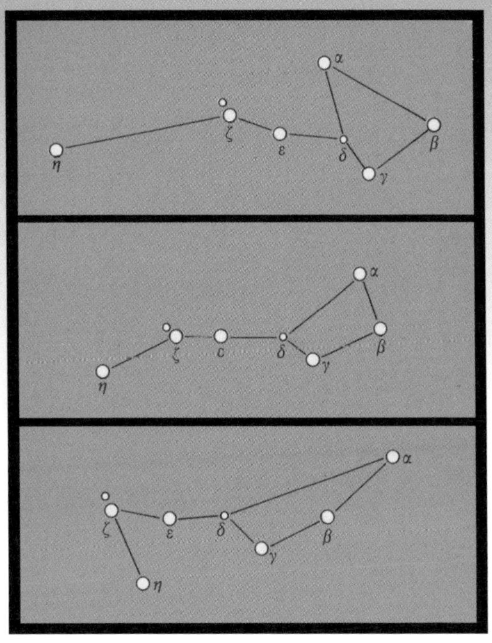

● 图1-03 恒星的自行在短时期内很难察觉，但天长日久累积起来却相当可观。本图表明北斗的形状如何因恒星自行而发生变化：10万年以前（上），现在（中），10万年以后（下）。

恒星极其遥远，即使它们飞快地运动着，人们还是看不出它们的位置有什么变化。只有对那些最近的恒星观测多年之后，才能察觉它们有了些许移动。而对于那些委实遥远的恒星，哪怕观测上百年，也未必会有易察觉的变化。图1-03是北斗七星的形状因恒星自行而发生变化的示意图。

恒星如此遥远，却还能被我们看见，那么它们本身就一定非常明亮。它们的发光能力，或者说“光度”，一定可以与我们的太阳媲美。其实，太阳本身也是一颗恒星，只是它离我们特别近罢了。

太阳的近邻

恒星确实太遥远了，一代又一代的天文学家尝试测量恒星的距离，但均以失败而告终。然而，天文观测仪器在不断改进。到了19世纪30年代末，终于有几位天文学家相继测出了几颗不同恒星的距离。

其中，苏格兰天文学家亨德森（Thomas Henderson）在南非好望角天文台测出了全天第三亮星半人马α（中国古星名“南门二”）的距离。事实上，半人马α正是离太阳最近的恒星邻居。它与太阳相距约41 000 000 000 000千米。这么巨大的数字读、写和记忆都很不方便。为此，天文学家们采用了一把非常巨大的新尺子——一种新的距离单位“光年”，它等于以300 000千米/秒的速度行进的光在一年之中经过的距离（约9.46万亿千米，或者说，大致为10万亿千米）。这样，我们就可以更方便地说：半人马α和我们的距离约为4.3光年。这超过海王星到太阳距离的9000倍。

值得顺便一提，在茫茫太空中，恒星的“群居”是一种很普遍的现象。双星，由两颗在万有引力作用下互相绕着转的恒星组成。这两颗星中的每一颗，都称为此双星系统中的一颗“子星”。如果是3颗星这样聚集在一起，就成为一个三合星系统。同样还有四合星、五合星，如此等等。不过，通常当3颗以上到10来颗恒星聚集在一起时，我们又将它们称作“聚星”。更多的星星“抱成一团”时，便形成了“星团”。

早在亨德森的时代，天文学家已经知道半人马α是一个双星系统。它的两个子星就称为半人马αA和半人马αB。始料未及的是，人们在1915年又发现，另有一颗幽暗的小星在绕着半人马α双星系统运转，它目前在轨道上所处的位置，比半人马α的子星A和B离我们更近，距离我们仅4.22光年。它是真正离太阳最近的恒星，因此，人们将它称为“比邻星”。

恒星的距离一经确定，便容易算出它的实际发光本领——光度了。半人马α的光度与太阳相仿。但是，不同恒星的光度彼此的差异可以相当悬殊：许多恒星的光度是太阳光度的成千上万倍，太阳光度又是另一些恒星光度的成千上万倍。

我们的太阳恰好是一颗中等的恒星：它不太大又不太小，不太亮也不太暗。

淡淡的光带

全年无月的晴夜用肉眼所能看见的恒星，总数仅6000余颗。使用望远镜可以看见许多暗星，这是因为天文望远镜的巨大透镜收集到的光要比我们眼睛的小小瞳孔所收集的光多得多。

1610年，意大利科学家伽利略（Galileo Galilei）将天文望远镜指向那条横贯天穹的光带——银河，发现它是由不计其数的暗淡恒星密密麻麻地聚集在一起组成的。如果在任何方向上恒星都是无穷无尽的，那么无论把望远镜指向何方，就都会看到大片大片的星星，整个天空就都应该有像银河那样的淡弱光辉。实际情况却并非如此。看来，也许只是在银河方向上群星才展布得更遥远吧？

1784年，英国天文学家威廉·赫歇尔（William Herschel）开始在望远镜中一颗颗地计数天空中不同方向上的恒星，并考察在计数越来越暗的恒星时其数目增长的方式。计数的结果使他认识到，群星构成一个透镜状的庞大结构，其中拥有约3亿颗恒星，相当于肉眼可见星数的5万倍。后人将这个恒星集团称作"银河系"，正是因为淡淡的银河首先暗示了这个"透镜"的存在。

如果太阳近乎位于这个"透镜"的中心，那么我们沿着"透镜"厚的部分往外看，就会看到无数的星星形成了环绕天空的银河光带；如果沿着较薄的部分向外看，那就只能看到较近较亮较少的恒星（图1–04）。由于整个银河的亮度相当均匀，人们便容易猜想：太阳也许正在这个"透镜"的中央？

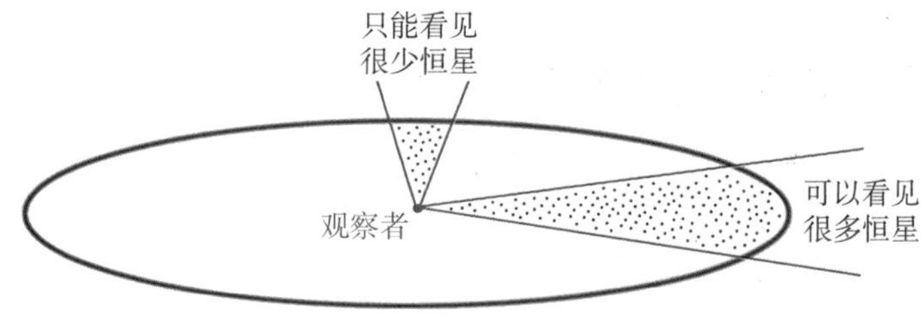

● 图1–04　透镜状的恒星系统。

20世纪初，荷兰天文学家卡普坦（Jacobus Cornelius Kapteyn）使用照相方法再次实施恒星计数。结果也表明存在一个透镜状的恒星集团，太阳在其中心附近。但是他估算的银河系尺度要比赫歇尔估计的大得多：跨度约55 000光年，厚度约11 000光年。

不过，赫歇尔和卡普坦描绘的图景并不完善。事实上，太阳离银河系的中心相当远。20世纪30年代，人们确定银河系的尺度达10万光年，由数以千亿计的恒星组成。太阳不是处于银河系的中心，而是在它的外围。但是，倘若果真如此的话，那么天穹上的银河为何各处的亮度又几乎相同呢？

原来，在群星之间存在着许多气体和尘埃。它们像雾霾一样阻挡光线，使人们看不见它们背后的恒星。这种气体—尘埃云散布在整个银河系内，使我们无法看见银河系的中心，当然也更无法看见银河系中心彼侧的那些部分。事实上，我们看见的仅是银河系中邻近我们的某个范围，而我们自己又位于这个范围的中央。这便是银河在各个方向上看起来几乎都一样亮的原因。今天的天文观测能力比20世纪30年代有了很大的进步。总的说来，仍可确定银河系的直径约为10万光年，包含着约2000亿颗恒星，我们的太阳差不多就位于银河系的对称平面上（图1–05）。

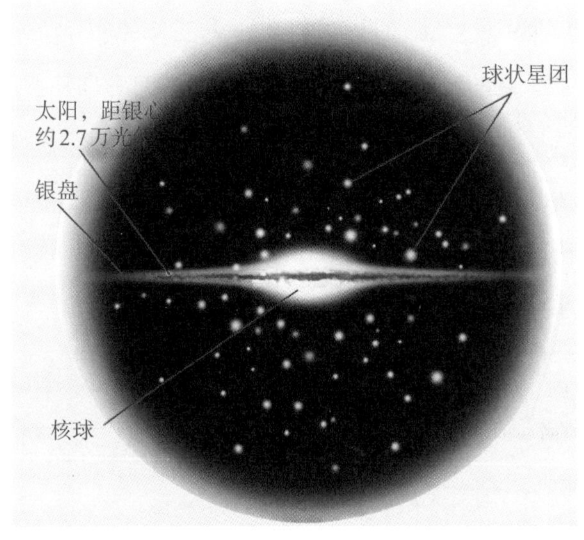

● 图1–05 银河系侧视示意图。中央的隆起部分密集大量恒星，称为银河系的“核球”；上下大致对称的圆盘状扁平部分称为“银盘”；球状星团包含成千上万甚至上百万颗恒星，整体上大致呈球状，可以一直散布到离银盘相当远的地方。

第三章 恒星的一生

太阳的燃料

19世纪中叶，自然科学取得了一项极重要的成果：发现自然界物质运动最普遍的规律之一“能量守恒定律”。先是德国物理学家迈尔（Julius Robert Mayer）、英国物理学家焦耳（James Prescott Joule）等各自从一系列实验中领悟到这一规律，德国学者亥姆霍兹（Hermann Ludwig Ferdinand von Helmholtz）则在1847年第一次以最清晰的方式系统地阐述了能量守恒定律。简而言之，它就是说：大自然中的能量既不能无中生有，也不会凭空消失，它只能从一种形式转化为另一种形式。那么，太阳的能量来源是什么呢？

假定太阳是一大团普通的火，它完全由碳和氧组成，那么为了维持目前的发光速率，这团巨大的混合物只消几千年就会焚烧殆尽。

另一种设想是陨星撞击太阳时的动能转化为热和光。亥姆霍兹推算出，倘若情况果真如此，那么由于陨星的积累，30万年后太阳的质量就会增加1%。这样它的引力也会逐渐增强，地球的公转就会因此而变快，地球上每一年时间的长度就会比前一年缩短两秒钟。可是实际上并没有发生这样的情况。

1853年，亥姆霍兹又设想太阳本身的物质在向中心陷落，因此太阳在不断收缩。向中心运动的能量转化为热和光，太阳的质量并不改变，也不会影响地球的年长。亥姆霍兹算出，假定开始时太阳的物质布满了地球公转轨道以内的整个空间，那么经过1800万年，它就会缩成目前的大小。于是他断定，地球在1800万年之前已从当时那个“胖”太阳的表层物质中形成了。

然而，地质学上的许多证据却表明，某些地质变化经历的时间远远超过1800万年。这又是怎么一回事呢?

1896年，法国物理学家贝克勒尔（Antoine Henri Becquerel）发现了放射性，这与原子核的变化有关。不同的原子核拥有不同数量的质子和中子。由一种原子核转变成另一种原子核的过程称为核反应，由此产生的能量就是核能。

1905年，德国物理学家爱因斯坦（Albert Einstein）建立了狭义相对论。它有一个结论：质量乃是极端集中的能量形式，很少的质量就能转化为巨大的能量。

假如太阳的能量来自某种核反应，那么为了确保它像现在这样发光，就必须在每一秒钟内将4 600 000吨物质转化为能量。这个数字听起来大得惊人，但是与太阳本身的巨大质量相比却微不足道。

放射性还可以用来测定地球的年龄。例如，任何数量的铀都要经历45亿年，才会有一半在释放辐射的过程中衰变为铅，因此测定一块含铀岩石中有多少铅，就可以推算出组成该岩石的那些铀原子已经持续衰变了多久。如今知道，固态的地壳已经存在了约46亿年。

太阳的年龄至少也像地球一般大，或者还要更老一些。核能是否能在这么长的时间内始终维持太阳发出的光和热呢？倘若能够的话，它的核燃料又是什么？是铀的放射性衰变吗?

组成太阳的物质，约有71%是氢，27%是氦，其他所有元素的含量都微乎其微。因此，太阳的能量来源必定涉及氢与氦的变化，其他任何元素都不足以满足这方面的要求。

氢原子核就是一个质子，氦原子核由2个质子和2个中子组成。4个氢核可以通过核聚变而合成一个氦核，这时就会有2个质子转变成为中子，同时有一小部分质量转化为巨额的能量。氢弹的能源正是这种核聚变。如果太阳的能源与此相同，那么就可以把太阳看成一个硕大无朋而永远在爆炸着的氢弹。不过，太阳自身的强大引力使它不至于被炸得粉身碎骨。

如果太阳在一开始时是纯氢的，那么它大约要花200亿年的时间才能形成目前这么多的氦。不过，实际上太阳在一开始就含有相当数量的氦，由此推算出太阳的年龄约为50亿岁。

现代物理学告诉我们，氢原子核转化为氦原子核的聚变，至少要在好几百万开（热力学温度单位，符号K）的高温下才能启动。那么，太阳有那么热吗？

1893年，德国物理学家维恩（Wilhelm Carl Werner Otto Fritz Franz Wien）指出：任何发光物质的光谱特征都部分地取决于它的温度。例如，光谱中的黄光占优势，发光体的温度应为约5800开。太阳光谱正是如此，由此可知太阳表面的温度约为5800开。这当然不足以使氢发生聚变。但是太阳不断地向太空中散发热量，却并没有冷下来，可见一定有能量从太阳内部升涌到太阳表层。

另一方面，太阳巨大的重力将它自身的物质紧紧地挤压在一起，而它的结构却并没有因此被压垮。这显然是因太阳内部的巨热造成的膨胀趋势，抵住了重力造成的挤压。20世纪20年代，英国天文学家爱丁顿（Arthur Stanley Eddington）由此推断：太阳中心的温度高达15 000 000开。因此，在太阳中心完全可以发生核聚变。现在人们认为，太阳的结构大致如图1–06所示。

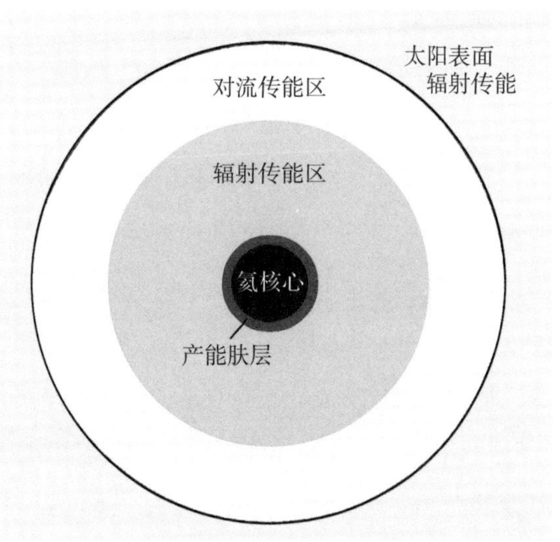

● 图1–06　太阳内部层次结构示意图。太阳中心的核反应区产生的能量，以X射线和γ射线的形式进入辐射传能区，该区内的物质不断吸收辐射又发出辐射，从而不断地将能量往外转移。辐射传能区之外是对流层，其中的物质急速地上下翻滚，形成湍流，从而不断地以对流的形式向外传送能量。对流层的顶部与太阳表面相接。

恒星的诞生

万物有生必有灭。那么，恒星是怎样诞生、成长，又是怎样衰老、死亡的？揭开恒星演化之谜，是20世纪自然科学的一大成就。它的线索，最初来自对恒星光谱的研究。

不同恒星的光谱互有差异，这主要是由恒星表面温度不同造成的。恒星光谱可以分为许多类型，按恒星表面温度从高到低依次递降排列，最主要的7个光谱型是O、B、A、F、G、K和M。每个光谱型又细分为10个次型，以数字0～9标记。例如，太阳是一颗G2型的恒星。相继的两个次型——例如A9和F0的差异是很小的，这表明相邻次型的恒星表面温度差得不多。

20世纪初期，丹麦天文学家赫茨普隆（Ejnar Hertzsprung）和美国天文学家罗素（Henry Norris Russell）创立了恒星的“光谱—光度图”，图中恒星的光谱型沿水平方向排列，光度则沿垂直方向排列。于是，呈蓝白色而且非常亮的O型星和B型星便坐落在图的左上方；暗弱而呈红色的K型星和M型星则在图的右下方。这种图按创立者的姓氏又称“赫罗图”（图1-07）。

在赫罗图上，绝大多数恒星位于从左上端延伸到右下端的一条斜带内。这条斜带叫作“主序”，位于主序中的恒星叫“主序星”。在主序的右上方另有一条较松散的横带，其中散布的是“巨星”——它们的光度要比同样光谱型的主序星高得多。主序的左下方分布着一些温度高，因而呈白色，但光度却很小的恒星，它们叫“白矮星”。

恒星是怎样形成的呢？原来，太空中存在着许多由气体-尘埃构成的巨大“分子云”。云中密度较大的部分，其自身的万有引力也较强，致使物质聚集得更密，同时温度升高。密度增大后，引力又进一步增强，从而促使物质聚集得更快，温度上升也更迅速。这一过程逐渐加剧，当某一区域的中心温度上升到约1000万开时，就会引发氢核聚变反应，发出大量的光和热。于是，一颗恒星诞生了，它在赫罗图上

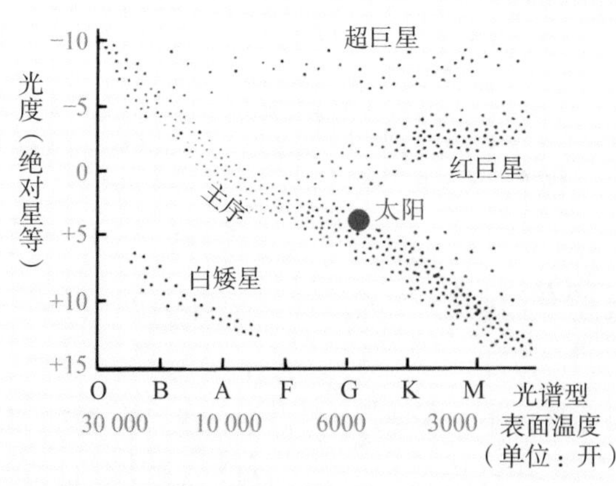

● 图1-07 赫罗图。光谱型下方标明恒星的表面温度，光度用绝对星等表示。绝对星等的数值越小，恒星的光度就越大。太阳是一颗G2型星，表面温度5800开，绝对星等+4.8。

就占据了一个位置。质量比太阳小的恒星进驻到主序的下部，它们的光度较小、温度也较低；质量比太阳大的恒星进驻主序的上部，它们的光度大、温度高；质量和太阳相近的恒星则进驻主序的中部，它们的光度和温度都适中。

从中年到老年

处于主序阶段的恒星，其内部由高温造成的往外的压力与外层物质向里的重力势均力敌，所以恒星处于既不收缩也不膨胀的平衡状态。这是恒星的“青年期”和“壮年期”，也是恒星一生中最长的阶段。

质量越大的恒星引力就越强，与这种引力对抗的内部温度必定也越高。因此，大质量恒星内部的热核反应进行得非常猛烈，核燃料很快就“烧完”了，它们的青壮年时期很短促。小质量恒星内部的热核反应进行得比较平缓，核燃料消耗得很慢，它们的青壮年时期就很长。太阳逗留在主序阶段的时间大约是100亿年，现在刚好过了一半，即约50亿年，因此它是一颗正当中年的恒星。质量比太阳大15倍的恒星，逗留在主序阶段的时间只有1000万年；质量仅为太阳1/5的小质量恒星，在主序阶段逗留的时间却可长达1万亿年。

此后，恒星内部会发生一些剧烈的变化，驱使它的外层物质急剧地膨胀。恒星膨胀时，它的表面温度下降，因而颜色变红。同时，恒星发光表面的面积剧增，整个恒星发出的光大大增加，因而大为增亮。这种又红又亮的恒星称为“红巨星”。有些红巨星体积非常庞大，例如，心宿二（即天蝎α）的直径约达太阳直径的500倍，如果把它放到太阳的位置上，那么就连火星的公转轨道都会被“吞”进它的肚子里。一颗恒星从主序阶段向红巨星过渡，它在赫罗图上的位置就从主序逐渐移向图的右上方。

一颗恒星演变成红巨星，就进入了它的老年期。红巨星获得充分发展时，在它的内部深处，不仅氢原子核几乎全部聚变成了氦原子核，而且氦核又进一步聚变成比它更复杂的碳原子核（图1–08）。然后，还会依次聚变为氧、硅等元素的原子核，直到合成最稳定的元素铁为止。上述的每一个步骤，都会产生一定的能量——

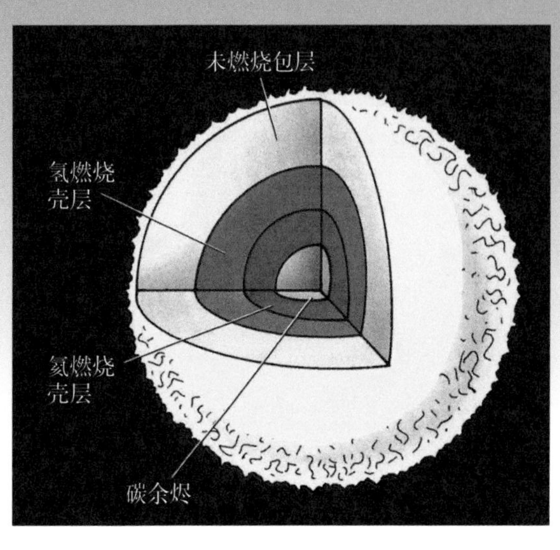

● 图1-08 一颗恒星内部的"氦燃烧"启动数百万年之后，恒星的内核就会累积起显著的"碳余烬"。碳余烬外面是一个仍在进行氦燃烧的壳层，再外面是一个氢燃烧壳层，更外面则是尚未燃烧的以氢为主的包层。

虽然不如氢聚变为氦产生的能量那么多，却足以维持恒星发光发热的生命。然而，从铁核中就不可能再获得能量了，无论使它们进一步聚合，还是使它们分裂，都不会再释放能量。至此，恒星就开始走向生命的尽头了。

恒星的归宿

红巨星内部的情况很复杂，它们不像主序星那样稳定。一颗红巨星的内部变得太热，它往外的压力就会胜过自身的引力而使星体膨胀。有些恒星内部温度因某种原因上升得太快太高，随之而来的膨胀就会变成一场大规模的爆发。这使它的亮度突然猛增成千上万倍，从而成为一颗新星。超新星增亮的程度比普通的新星还要大得多，其鼎盛时期几乎有整个星系那么亮。超新星很罕见，平均说来一个星系在一千年中大致才出现二三颗超新星。

恒星内部核燃料耗尽时发生的超新星爆发，可以将整个星体炸得粉碎，或者仅剩下一个残骸。恒星爆发时抛出的物质进入广袤的星际空间，又成为形成新一代恒星的原料。

恒星在爆发中丧失了巨额能量，致使其残留物质在引力作用下发生非常猛烈的收缩——这称为"坍缩"。坍缩后的恒星体积变得很小，因而物质密度变得极其巨大。不同恒星坍缩的具体结果，随它们的质量不同而互有差异。

爆发之前的质量小于8倍太阳质量的恒星，最后将坍缩成一颗白矮星。一颗质量和太阳相当的白矮星，体积不过像地球那么大。因此，像火柴盒那么大的一块白矮星物质，差不多就有地球上的一辆卡车那么重（图1–09）。造成这样高的密度的原因，是白矮星自身强大的万有引力把组成星体的原子都压碎了：电子被挤到原子外面，原子核和原子核相互挤在一起。处于这种状态下的物质称为“简并物质”，它们会产生一种很特殊的“简并压力”。在白矮星中，正是由于电子的简并压力顶住了星体的引力，才使剧烈的坍缩最终停顿下来。

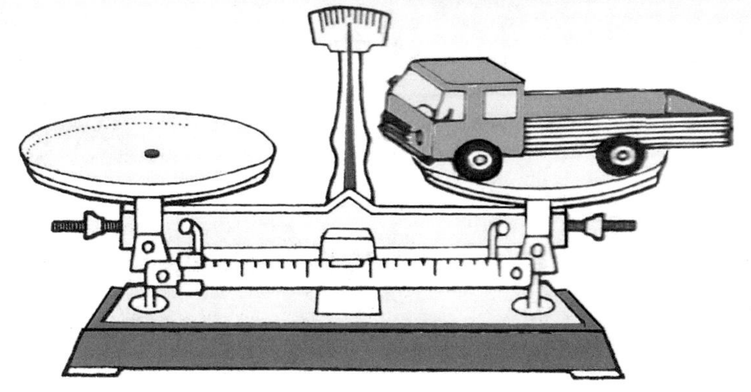

● 图1–09　一块像火柴盒那样大小的白矮星物质，就有地球上的一辆卡车那么重。

一颗恒星质量越大，引力就越强，它爆发后留下的物质也聚集得越紧密。爆发前的初始质量为8～50倍太阳质量的恒星，经历超新星爆发后留下的残骸可以一直坍缩到这样的程度：在星体内部，组成原子的全部粒子统统紧挨在一起，质子和电子互相结合而转化成为中子，整个星体几乎全部由中子组成。这种恒星称为“中子星”。中子的简并压力比电子简并压力更强大，在中子星内部，正是中子的简并压力与星体的引力相抗衡，最终制止了进一步的坍缩。一颗中子星的直径仅约一二十千米，但它的质量却可以达到太阳的二三倍，其物质密度竟可高达每立方厘米1亿吨！

然而，还有比中子星更令人吃惊的情况：质量特别巨大的恒星最终坍缩时，星体的所有物质都被压得粉身碎骨。这时再也没有什么力量能够阻止进一步的坍缩，星体变得越来越小，引力则变得越来越强，以至于任何东西一旦落入其中，就再也休想出来。它仿佛是一个深不可测的“无底洞”，就连光线都无法脱离它。它仿佛是绝对黑暗的，于是科学家就给它起了一个很有趣的名字："黑洞"。

白矮星、中子星和黑洞，是不同质量的恒星的三种最终归宿（图1-10）。超新星爆发抛出的气体，经过几百万年的膨胀，终于稀薄得和原先存在的星际气体混而为一了。"第二代恒星"就是由这些被超新星爆发"污染"了的星际气体—尘埃形成的，太阳便是一例。太阳现在已经50亿岁，这大体上就代表了整个太阳系的年龄。

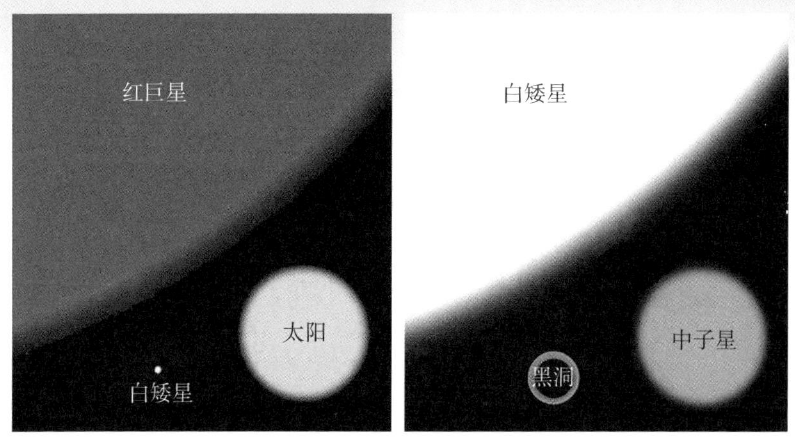

图1-10　各种恒星大小比较示意。红巨星、太阳和白矮星（左）；白矮星、中子星和恒星级黑洞（右）。

上面谈到的黑洞，在当代物理学和天文学中扮演者非常重要的角色。随着科学的发展，人们对它的认识逐渐深化。如今，关于黑洞的更正确的说法是这样的：

> 黑洞是爱因斯坦在20世纪初创立的引力理论——广义相对论预言的一种特殊天体。它的基本特征是有一个封闭的边界——称为"事件视界"，常简称为"视界"；外界的物质和辐射可以进入视界，视界内的东西却不能跑到外面去。

【链接一】时空的涟漪

爱因斯坦创立广义相对论是20世纪的伟大科学成就。它告诉人们：四维的时空（三维的空间和一维的时间之统一体）与物质相互依存，物质会导致邻近的时空发生弯曲，弯曲的时空又会导致物质改变其运动状态。这可以很形象地概括为："物质告诉时空如何弯曲，弯曲的时空告诉物质如何运动。"一个物体的质量越大，其周围的时空就弯曲得越厉害。太阳的质量比地球大得多，因此太阳周围的时空弯曲较地球周围尤甚。

要直观地想象四维时空如何弯曲是极其困难的，但我们仍可借助某些辅助手段窥其一斑。设想从太阳周围的四维时空中切割出一片二维的曲面（图1-11），可以发现远离太阳的时空很平坦，紧邻太阳的时空则弯曲得很明显。

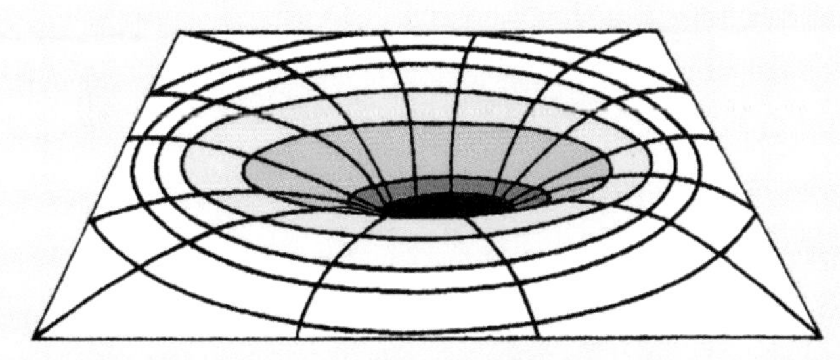

● 图1-11 太阳附近的时空弯曲示意图，中央的黑色凹陷部分代表太阳所在位置。

广义相对论不仅预言了黑洞的性质，而且还预言了引力波的存在。那么，究竟什么是引力波呢？

波，是人们熟悉的自然现象。例如池塘里的水波，其行进方向同水面上下振动的方向互相垂直，这种波称为横波；再如空气中的声波，行进的方向就是空气发声时往返振动的方向，这种波称为纵波。

19世纪60年代，苏格兰数学家和物理学家麦克斯韦（James Clerk Maxwell）全盘考察当时已知的种种电学和磁学现象，将前人的大量实验成果总结为理论公式——著名的麦克斯韦方程组。这些方程证明了电与磁彼此密不可分，变化的电场可以产生磁场，而变化的磁场又可以产生电场。事实上，它们构成了统一的电磁场。电场和磁场的交替变化，使电磁场以波的形式往四面八方传播，这就是如今人们耳熟能详的电磁波。带电物体作加速运动时，就会发出电磁波。电磁波是一种横波，它可以在真空中传播；与此相反，纵波却必须借助于媒质才能传播。电磁波传播的速度就是光速，麦克斯韦由此意识到光也是一种电磁波。

广义相对论推测，与带电物体加速运动时发出电磁波相类似，任何具有质量的物体作加速运动时都应该产生引力波，也就是说，引力波的波源是变化着的引力场。引力场同时空交织在一起，变化着的引力场导致时空拉伸和压缩交替变化，这种变化以波的形式往外传播，就是引力波。引力波同电磁波一样，也是横波，其传播速度也等于光速。

引力波极其微弱，地球上的任何物体——包括地球本身，质量都不够大，它们所能产生的引力波微弱得远远达不到可以实际探测的地步。因此，在相当长一段时间内不少物理学家对此深表怀疑。然而，在地球上的实验室里做不到的一些事情，却往往可以在宇宙这个“天然实验室”里实现。20世纪70年代，天文学家终于取得了引力波存在的间接证据（详见第五篇第三章之“山谷中的巨锅”一节）。

经历了无数的艰辛和失败，科学家对引力波的直接探测终于取得了成果。2016年2月11日，美国激光干涉引力波天文台（简称LIGO）的科学家宣布，他们在2015年9月14日探测到了引力波。它源自一个质量为36倍太阳质量的黑洞与一个29倍太阳质量的黑洞相碰撞，然后合并成一个62倍太阳质量的黑洞，失去的3个太阳质量转化成引力波的能量。

激光干涉引力波天文台（LIGO）两个相同的探测器，分别位于美国华盛顿州的汉福德镇和路易斯安那州的利文斯顿镇，两处相距3002千米。每个探测器都有两条互相垂直的臂，构成一个L形，每条臂各长4千米。激光器发出的激光射到分束器（一块半透半反镜）上，在A处被分为两路，分别进入两臂（图1-12）。在每个臂中，激光又被一组镜子来回反射多次，使光线走过的路程加长许多倍（为画面简洁起见，图1-12中省略了这一细节）。最后，两束激光在B处再次相遇叠加，互相干涉，由干涉条纹分析器记录结果下来。两臂的长度之差决定了激光干涉的强度。

在正常情况下，精密地调节使两臂等长，这时两束激光干涉的结果是彼此相消，不出现干涉条纹。但是，当引力波扫过探测器时，两个臂的长度就被步调相反地拉伸—压缩—拉伸—压缩……一个臂变长时，另一个臂变短，因此两臂的长度差也在

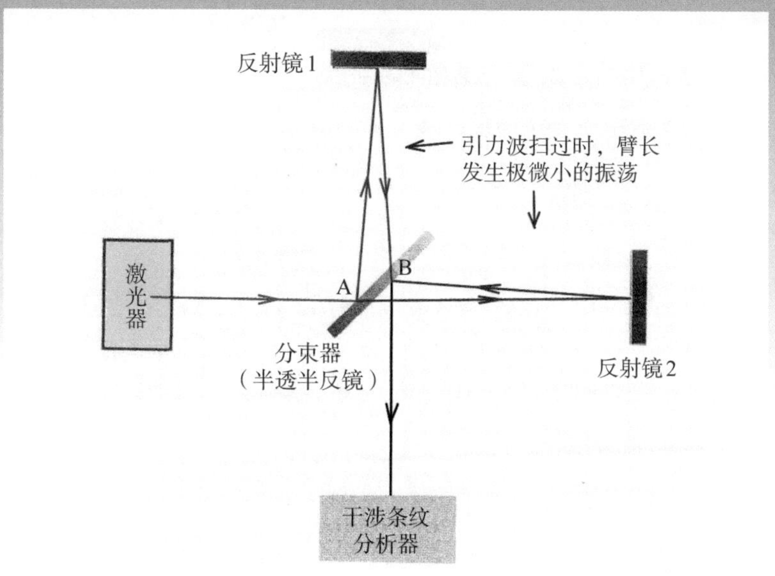

● 图1–12 极度简化了的LIGO工作原理示意图。

振荡，激光干涉的光强跟着振荡，据此即可反过来推断引力波的性质。2015年9月14日的那次引力波事件，LIGO的臂长发生了0.0……04米（小数点后面有18个0）的变化。

这次事件被命名为GW150914，其中GW是引力波的英语首字母缩写，150914是事件发生的年月日（各两位数字）。关键在于，在相距3002千米的汉福德和利文斯顿，两个探测器都记录到了这次短暂的引力波信号，时间间隔为0.007秒！最终判明信号来源于南半天球大麦哲伦星云的方向上，距离地球13亿光年。

凡是波，皆有波长以及相应的振动频率。例如，可见光的波长范围约为0.4～0.76微米；人耳能听到的声波频率范围约为16～20 000赫，钢琴中央C的频率为261.63赫。引力波也有各种频率，LIGO能够探测的是10^{-3}～10^{+3}赫的中频段引力波，GW150914的频率35～250赫正在其中。人们经常将引力波比拟为“时空的涟漪”，那是寓意像水波那样也是横波；有时又称它为“宇宙的琴弦”或“天籁之音”，则是因为其频率在人可耳闻的声波频率范围内。

在GW150914之后，科学家们又先后探测到多次引力波事件。本书第六篇第三章中的“多才多艺的‘慧眼’”一节，还会对著名的GW170817作进一步的介绍。

2017年，美国物理学家韦斯（Rainer Weiss）、巴里什（Barry Clark Barish）和索恩（Kip Stephen Thorne）由于“为激光干涉引力波天文台项目以及引力波的观测所做的决定性贡献”而荣获诺贝尔物理学奖。

发现引力波还有一层更重要的意义：人类原先只能通过电磁波来观察宇宙，现在又多了一个认识宇宙的新窗口——引力波，开辟了“多信使天文学”的新纪元。人们经常用这样一个童话来做比喻：一个只有视觉的孩子生活在森林中，后来竟然推测出世界上还有一种叫作声音的东西。经过不懈的努力，他终于获得了听觉，可以听到森林中各种神奇悦耳的声音。

第四章　膨胀的宇宙

大星云的启示

用肉眼就可以看到，在仙女座方向上有一个云雾状的小光斑。起先天文学家猜想它大概是一块巨大而发光的尘埃–气体云，故称其为“仙女座大星云”。

但是，早在1755年，德国哲学家康德（Immanuel Kant）就提出过另一种想法：仙女座大星云可能是一个巨大的恒星集团。它看起来如此暗淡，表明其距离极其遥远。用天文望远镜可以看到很多这样的天体，康德把它们称作“岛宇宙”——宛如漂泊在宇宙中的岛屿。

研究天体的光谱，有助于识别它们的本质：发光气体产生的光谱是在黑暗背景上分布着一些不同颜色的亮线，恒星产生的光谱则是在明亮的彩虹状背景上分布着众多的暗线。

仙女座大星云的光谱由明亮背景上的暗线组成，也就是说它是由星光构成的。然而，在19世纪末，即使用当时最大的天文望远镜观测仙女座大星云，还是连一颗恒星都看不到。这究竟是怎么一回事?

为了解开这个谜团，我们再次来谈谈“新星”。如前所述，新星实际上并不是新诞生的恒星。它们其实是一些平时暗得无法用肉眼看见的星星，由于某种原因突然增亮了，然后又重新变暗到只有用天文望远镜才依稀可辨。

人们用望远镜找到许多通常不易察觉的新星，并推算出在银河系内平均说来每年大致会出现二三十颗新星，但其中只有少数从地球上能够看见。

美国天文学家柯蒂斯（Heber Doust Curtis）系统地搜寻仙女座大星云中的新星。到了1918年，他发现的新星已经多得无法认为它们只是凑巧和仙女座大星云处于同一视线方向上。换句话说，它们必定就在仙女座大星云自身内部。重要的是，如果有那么多新星出现在这个小小的光斑中，那么这个光斑本身就势必包含着不计其数的恒星。

柯蒂斯认为，仙女座大星云必定远在几十万光年之外——远远地处在银河系以外，其中的新星才会显得如此暗淡。他相信，仙女座大星云确如康德所说，是一个“岛宇宙”。

那时，在美国加利福尼亚州的威尔逊山天文台上，世界上最大的天文望远镜正好启用，其口径是整整100英寸（254厘米）。不久，美国天文学家哈勃（Edwin Powell Hubble）使用这架望远镜仔细地进行观测，证明仙女座大星云的外围部分确实由大量极暗的恒星组成。到了1923年，哈勃已经推算出仙女座大星云距离我们远达800 000光年。

事实上，仙女座大星云确实是又一个像银河系那样庞大的恒星系统。后来，人们又改称它为仙女座星系，或仙女星系（图1-13）。在18世纪法国天文学家梅西叶

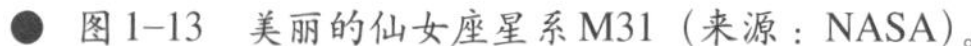

● 图1-13 美丽的仙女座星系M31（来源：NASA）。

（Charles Messier）编制的著名星云星团表中，仙女座大星云列为第31号，故又称M31。人们最终查明：仙女星系与我们的距离其实是220万光年，几乎是哈勃早先估算的距离数值的3倍。

在19世纪中期，爱尔兰天文学家第三代罗斯伯爵（William Parsons，the Third Earl of Rosse）发现，有些星云似乎具有明显的旋涡状结构，仙女座大星云便是一例。起初这类天体被称为旋涡星云，但是一旦查明它们的本质之后，它们又被称为旋涡星系了。

旋涡星系的中央部分密集着一大团恒星，称为星系的"核球"。外围呈旋涡状的一串串恒星则构成了"旋臂"（图1–14）。

● 图1–14 旋涡星系M101位于大熊座中，外观酷似风车，又名"风车星系"，距离地球约2100万光年。它几乎以正面朝向地球，旋臂非常清晰（来源：HST）。

除旋涡星系外，另有一类呈球状或椭球状的星系，它们没有旋臂，称为"椭圆星系"。还有不足5%的星系没有清晰的外形，称为"不规则星系"。

目前用天文望远镜观测到的星系总数已达成百上千亿个。因此，不仅太阳只是银河系内上千亿颗恒星中的普通一员，而且我们的银河系本身又只是上千亿个星系中的普通一员而已。

远去的星系

人们早就发现，当火车疾驰而来时，其汽笛声调听起来就越来越高亢；当火车离去时，其汽笛声调便逐渐低沉下来。1842年，奥地利物理学家多普勒（Christian Doppler）首先阐明了这种现象的起因：火车朝我们驰来时，每秒钟传到我们耳朵里的声波数目比当声源（汽笛）处在静止状态时多，因为此时声波除了按正常速度从声源（汽笛）向外传播，还附加了火车行驶的速度；与此相反，火车远离我们而去时，每秒钟传到我们耳朵里的声波数目要比当声源（汽笛）静止时少。总之，汽笛声调的变化，乃是由于声源的运动使每秒钟撞击我们耳膜的声波数目发生了变化。这就是著名的"多普勒效应"。

声波是一种波，光波也是一种波，多普勒效应同样适用于光波。一个快速运动的光源发出的光，抵达我们的眼睛时，它的"光调"——即频率也会有所改变。1848年，法国物理学家菲佐（Armand Hippolyte Fizeau）指出：当一颗恒星朝向我们运动时，有如火车向我们驰来，星光的频率会增高，于是光谱线往光谱中频率较高（波长较短）的那一端（即紫端）移动，这称为光谱线的"紫移"。

相反，当恒星远离我们而去时，星光的频率变低（波长变长），光谱线便向光谱的红端移动，即发生"红移"。通过测定光谱线紫移或红移的程度，可以推算出天体趋近或离开我们的速度。

1912年，美国天文学家斯莱弗（Vesto Melvin Slipher）发现，仙女座大星云的光谱线稍稍移向紫端。这表明它正奔向银河系而来。但是到1917年，斯莱弗已经研究了15个星系，发现其中有13个星系都在迅速地远离我们而去，它们退行的速度平均不下600千米/秒。

后来的研究表明，几乎所有的星系都在离开我们。1928年，美国天文学家赫马森（Milton La Salle Humason）发现星系NGC 7619的退行速度高达3800千米/秒。

1936年，他测到了高达40 000千米/秒的退行速度。

1929年，哈勃取得了一项极重要的研究成果。那就是：一个星系越远，它就退行得越快，而且退行速度与距离成正比。如果一个星系同我们的距离是另一个星系的2倍，那么这第一个星系就以2倍于第二个星系的速率远离我们而去。这就是著名的“哈勃定律”。①

问题是：为什么这些星系都在退行着离开我们呢？我们的银河系有什么特别的地方，会使其他星系都离它而去呢？而且，为什么越远的星系就退行得越快呢？

试想宇宙宛如一个膨胀着的气球，而且所有的星系都被这种膨胀带着走，那么它们自然就会分道扬镳彼此远离（图1–15）。这时，从任何一个星系来看其他所有的星系，都会看到它们全在退行着离去，而且越远的星系退行得越快。因此，我们的银河系并无什么特别之处。

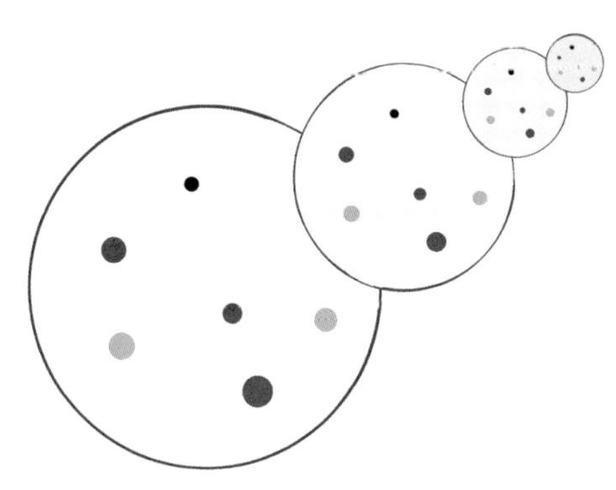

图1–15　星系随宇宙膨胀而彼此远离示意图。

然而，仍有极少数星系正在接近我们，这又是为什么呢？

只有在全部星系彼此独立互不影响时，宇宙的膨胀才会使所有的星系全都彼此远离。然而星系有成团的倾向。成双出现的称为“双重星系”。三个一堆、几个一群地聚在一起的称为“三重星系”或“多重星系”。十几个、几十个以至成千上万个星系聚集在一起，就组成了大大小小的星系群和星系团。宇宙膨胀确实使星系团彼此远离了，但是星系团内部的各个星系由引力维系在一起，并在这种引力作用下运动着。在一个星系团内，两个星系既可以互相靠拢，也可以互相远离。

例如，银河系和仙女星系乃是由几十个星系构成的一个星系群（它叫“本星系

① “哈勃定律”这一术语在国际天文学界沿用了将近90年。2018年，鉴于比利时天文学家勒梅特对于膨胀宇宙和现代宇宙学做出的重要理论贡献（见下节“宇宙的起源”），国际天文学联合会根据会员投票结果，决定将“哈勃定律”重新命名为“哈勃—勒梅特定律”，以纪念这两位天文学家的历史性功绩。

群”）中最大的两个成员。它们正在本星系群内互相靠近。有些星系团极其庞大，例如后发座星系团包含了约10 000个星系。

有些星系团的退行速度非常巨大，根据哈勃-勒梅特定律推断，可知它们极其遥远。例如，长蛇座星系团正在以6万千米/秒的速度远离我们而去，它与银河系的距离超过10亿光年。

宇宙的起源

既然星系一直在彼此远离，那么它们在过去必然就比较靠近。往过去回溯得越久远，所有的星系就靠得越近。可以想象，如果回溯得极其古远，那么所有的星系都会集中到一个地方。那会不会就是宇宙的开端呢？

将整个宇宙作为一个整体，来研究它的起源和演化的学科，称为宇宙学。20世纪20年代末，比利时天文学家勒梅特（Georges Henri Joseph Édouard Lemaître）首先描绘了这样一幅宇宙开端图景：最初那个包含宇宙中全部物质的原始天体——它被谑称为“宇宙蛋”——是不稳定的，它在一场无与伦比的爆发中爆炸了，爆炸形成的无数碎片，以后成了千千万万个星系；碎片中的物质，后来又凝聚成一颗颗的恒星。直到今天，这些星系还在向四面八方飞散开去。宇宙的膨胀，星系和星系团彼此匆匆分离，乃是宇宙蛋爆炸的直接结果。

1948年，美国俄裔物理学家伽莫夫（George Gamow）继承并发展了这种想法。他和合作者一起从理论上推算出那次爆炸的温度，计算了温度应该下降得多快，计算了应该有多少能量转化成各种基本粒子，后来又怎样变成了各种原子等等。人们把那次爆发性的开端称为“大爆炸”，关于宇宙起源的这种理论则称为“大爆炸宇宙论”。如今的研究结果表明，大爆炸应当发生在约138亿年前。

宇宙中有那么多的天体，它们彼此之间都有引力作用。按常理说，强大引力的持久作用，很有可能会迫使星系和星系团的彼此分离渐渐减慢，甚至迫使整个宇宙的膨胀“刹车”乃至完全停顿，并进而转变为收缩。当然，也有可能宇宙间所有物质的总量还不够多，它们彼此间的引力作用还不足以迫使整个宇宙停止膨胀并转为收缩。

实际情况究竟如何呢？宇宙会不会永远膨胀下去？它未来的命运究竟如何？在21世纪来临的前夜，这些问题尚未找到答案，科学家却遇到了一个更难解的新疑谜。以下就是此事的来龙去脉。

暗能量和暗物质

中国古代把天空中新出现的星统称为“客星”，主要指彗星、新星、超新星等天象。北宋至和元年（1054年）在天关星（即金牛ζ）附近出现客星，是历史上最著名的超新星记录之一。据《宋史·天文志》《宋会要辑稿》等记载，这颗客星如同金星那样白昼都可以看见，光芒四射，颜色赤白，持续了23天。直到一年多之后，它才渐渐隐没不见。欧洲当时处于中世纪宗教统治的黑暗时期，对于如此之亮、出现时间如此之久的1054年超新星，竟然未留下任何记载。

再说20世纪前期，天文学家注意到，在梅西叶星云星团表中列为第1号的天体M1（即著名的“蟹状星云”），就处于1054年超新星的位置上，并据此推断它正是这颗超新星爆发的遗迹（图1–16）。中国古籍有关天关客星的记载同蟹状星云之间的联系，强烈地激发了国际天文学界广泛研究中国古代天象记录的兴趣。

超新星有Ⅰ型和Ⅱ型两大类。Ⅰ型超新星还可以根据光谱特征的不同细分为几个子类。其中的Ia

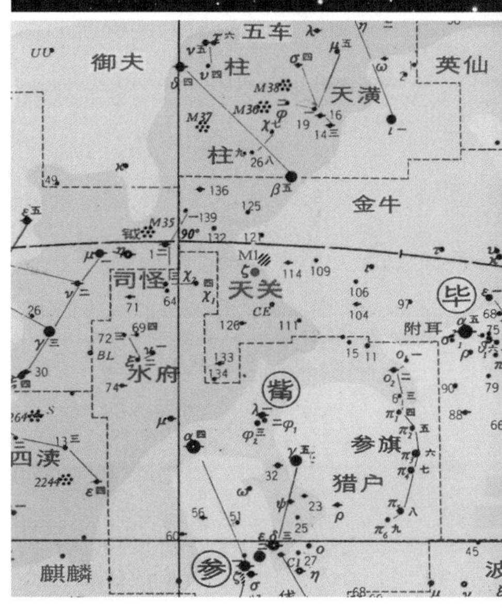

图1–16 蟹状星云M1（上），M1和天关星（金牛ζ）在群星间的位置（下）。

型超新星有一个很重要的特点：所有的Ⅰa型超新星爆发达到顶峰时，光度几乎都相同，有如某种超级的“标准烛光”。于是，只要将Ⅰa型超新星的视亮度与其极大光度进行比较，就可以推算出它的距离。这就像大街上的路灯，本来都是一样亮的，只是因为远近不同而显得有明有暗了。

结果，惊人的事情出现了。1998年，美国的两个研究小组分别独立地发现：在遥远星系中的Ⅰa型超新星，看起来要比预期的更暗淡，这表明它们的距离实际上要比按照哈勃-勒梅特定律推断的更加遥远，因此宇宙其实是在加速膨胀！然而，究竟是什么神秘的力量在驱使所有的星系加速远离，驱使宇宙加速膨胀呢？对于这种神奇力量的本质，科学家几乎还一无所知，但是先给它起了个名字：暗能量。

暗能量应该具有哪些特征？科学家确信：它充满整个宇宙，与宇宙的体积成正比，并具有“负压力”的特性。

一个膨胀的物质系统，通常都具有“正压力”：随着体积变大，往外膨胀的压力逐渐变弱。负压力却相反，体积越大，膨胀的压力反而增强。这样，一方面宇宙膨胀，空间体积增大，暗能量的压力变强；另一方面，宇宙空间尺度增大，阻止膨胀的引力就减弱。这一个变强一个变弱，结果就导致了宇宙的加速膨胀。也可以说，暗能量起着某种斥力或者反引力的作用。真正揭开暗能量之谜，很可能会催生一场宇宙学乃至物理学的革命。1957年诺贝尔物理学奖得主李政道曾断言，暗能量将是21世纪物理学面临的最大挑战。

除了暗能量，“暗物质”也受到了科学家的高度关注。早在20世纪30年代，瑞士天文学家兹维基（Fritz Zwicky）就发现，星系团中的成员星系实在运动得太快了：把一个星系团内的全部星系彼此间的引力统统加起来，仍不足以将快速运动的星系都束缚住，时间一长它们将会“散伙”！然而，实际上星系团却是稳定的系统。由此可见，将整个星系团束缚住的引力必定非常强大。这又意味着，星系团中必有大量不发光的物质未被观测到，正是它们提供的额外引力维持了星系团的稳定。这种物质被称为“暗物质”。后来，天文学家又根据更多的天文观测线索，证实了宇宙间暗物质的普遍存在。

暗物质究竟是何物？至今还没有确切的答案。但是科学家能够断定，它不是构成我们这个世界的分子、原子、质子、中子等普通的可见物质。暗物质不发出电磁波，几乎不与可见物质发生相互作用，我们只能觉察它的引力效应，但绝不会看见它发光。

至此，我们已经明了，宇宙中的全部物质由三大部分组成：普通物质、暗物质和暗能量。2013年，欧洲空间局的普朗克空间天文台科研团队公布了他们的研究结果：上述三种成分在宇宙中所占的比例依次为4.9%、26.8%和68.3%（图1-17）。原来，在这块“宇宙蛋糕”中，能被我们看见的成分只占这么小的一角!

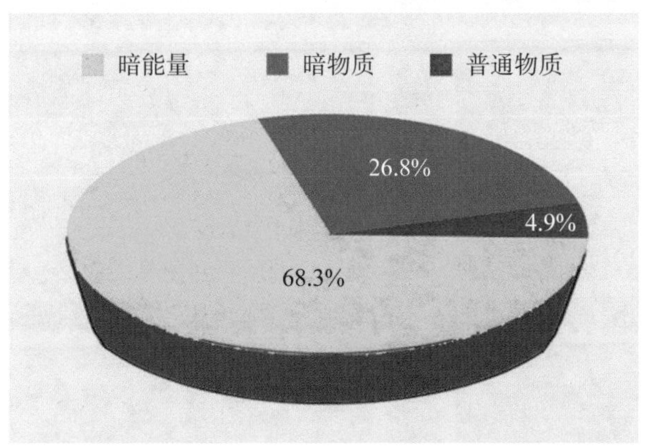

● 图1-17　宇宙物质三大组成部分所占比例示意图。

ARIETE
HAMAL
REP. S. MARINO L. 1

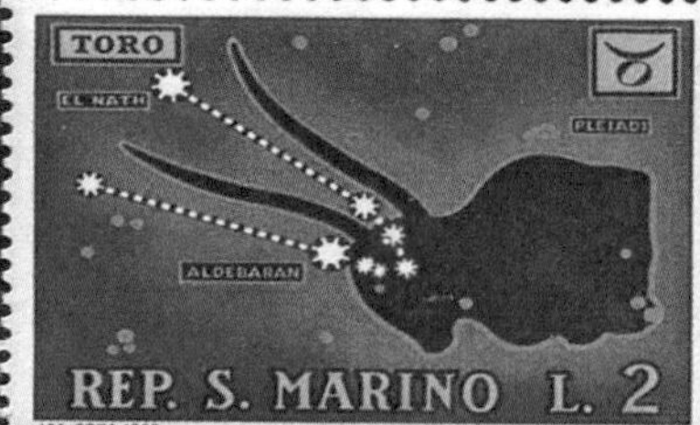
TORO
EL NATH
PLEIADI
ALDEBARAN
REP. S. MARINO L. 2

LEONE
DENEBOLA
ALGENUBI
REGULUS
REP. S. MARINO L. 5

VERGINE
SPICA
REP. S. MARINO L. 10

SAGITTARIO
NUNKI
KAUS AUSTRALIS
REP. S. MARINO L. 70

CAPRICORNO
ALGEDI
DALGEDI
REP. S. MARINO L. 90

GEMELLI
POLLUX
CASTOR
REP. S. MARINO L. 3

CANCRO
AL TARF
REP. S. MARINO L. 4

BILANCIA
KIFFA BOREALIS
KIFFA AUSTRALIS
REP. S. MARINO L. 15

SCORPIONE
SAULA
ANTARES
REP. S. MARINO L. 20

ACQUARIO
SKAT
SADALSUUD
AL BALI
REP. S. MARINO L. 100

PESCI
ALGENIB
ALRISCHA
REP. S. MARINO L. 180

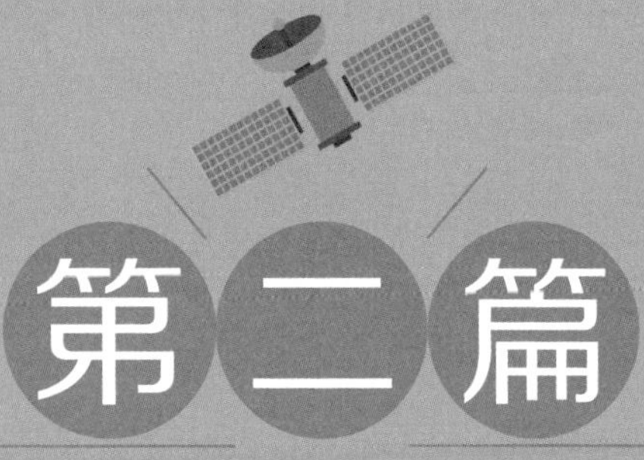

第二篇

重温古人的智慧

圣马力诺共和国发行的一套以12个黄道星座为题材的邮票。

第一章 星座和游星

浪漫的星座

在亚洲西部，有两条举世闻名的大河：幼发拉底河和底格里斯河。它们流经的区域称为“两河流域”，在古希腊语中叫作“美索不达米亚”，意即“两河之间的地方”。它和我国的黄河流域一样，也是世界古代文明的摇篮。

公元前4000年之后的某个时候，苏美尔人成了两河流域南部的主要居民。苏美尔人对于早期人类文明有许多重要贡献，例如轮车、帆船、制陶转轮等技术发明。苏美尔人使用地图、测竿和水平仪进行测量，并建立了一套测量角度的系统：将一个圆等分为360份，每一等分就是1°。1小时分为60分钟，1分钟又分为60秒，也可以追溯到苏美尔人的60进制系统……

苏美尔人发现，天上的群星仿佛构成了一些容易识别的图形。在公元前三千多年，他们就把天空划分成了一个个星群，这种星群称为“星座”。

公元2世纪，古希腊天文学家托勒玫（Claudius Ptolemy）系统地总结了前人的工作，把北半球所见的星空划分成48个星座。这些星座的名称都和古老的神话传说紧密联系在一起。请看这个奇特的故事吧——

卡西奥匹亚（Cassiopeia）是埃塞俄比亚国王色弗斯（Cepheus）的王后。她炫耀自己的女儿安德洛墨达（Andromeda）是世界上最美丽的姑娘，就连海神波塞冬（Poseidon）的女儿也比不上她。海神非常生气，他要严厉惩罚那位骄傲的王后，于是在大海上鼓起波涛，派怪物“鲸鱼”去吞吃色弗斯国王的百姓。

谁也战胜不了这个怪物。要它离去只有一个办法，那就是把可爱的公主献给它。国王和王后束手无策，只好用铁链把安德洛墨达锁在海边的岩石上。鲸鱼从波浪中浮出了水面……

正巧大英雄珀尔修斯（Perseus）从那里经过。他刚刚完成一项非凡的业绩——割下女妖墨杜萨（Medusa）的头。墨杜萨的头发是无数条毒蛇，谁要是直接看她一眼，谁就会立刻变成石头。聪明的珀尔修斯趁墨杜萨熟睡时，从反光的青铜盾里看了个准，一刀砍下了她的脑袋。

珀尔修斯来解救可怜的公主了。他自天而降，举剑向海怪刺去。鲸鱼回身想吞吃他，但是珀尔修斯突然把墨杜萨的脑袋举到海怪眼前。刹那间，巨大的海怪就变成了石头。

国王和人民衷心感激珀尔修斯，安德洛墨达也做了他的妻子，后来他俩一同乘坐珀尔修斯的飞马比加索斯离去了。

天上有6个星座和这个动人的故事有关：仙王座（色弗斯）、仙后座（卡西奥匹亚）、仙女座（安德洛墨达）、英仙座（珀尔修斯）、飞马座（比加索斯）和鲸鱼座（那个海怪）。

处于近代科学发展初期的17世纪，天文学家陆续命名了一批新的南天星座。这些新星座用到不少科学仪器和航海用具的名称，如望远镜座、显微镜座、时钟座、船帆座等。此外还有一些珍奇动物的名称，如孔雀座、凤凰座、剑鱼座等。

1928年，国际天文学联合会正式确定全天星座的划分和定名，这就是当前国际上通用的88个星座。它们约有半数以动物命名，有四分之一以希腊神话中的人物命名，还有四分之一以仪器和用具命名。北部天空大体上仍沿用古希腊托勒玫的星座体系和原先的星座名（图2–01）。

中国古代也有自己独特的星群划分体系。早在周朝以前，我们的祖先就把星空划分成了许多“星官”，后来进一步演变为“三垣二十八宿”的星空体系。“三垣”，是指北天极周围的3个天空区域：紫微垣、太微垣和天市垣。“二十八宿”是大致沿黄道分划的28个天区，它们的名字依次为“角、亢、氐、房、心、尾、箕、斗、牛、女、虚、危、室、壁、奎、娄、胃、昴、毕、觜、参、井、鬼、柳、星、张、翼、

● 图2–01 星座与神话故事联姻，是人类想象力的结晶。德国天文学家阿皮安（Peter Bienewitz Apian）在16世纪前期精心绘制的这幅星图，展示了托勒玫确定的48个北天星座。星空仿佛是一个非常巨大的“动物园”。

轸”。其实星官和星座并没有本质上的差别，只是与此相关的神话和传说反映了东西方文化的差异。

游荡的星星

夜复一夜，年复一年，群星仿佛总是固定在天穹上周而复始地转动着。这些固定的星星称为“恒星”。

苏美尔人发现，天空中有7个天体，日复一日地相对于群星改变着自己的位置。其中最显眼的，是太阳和月亮。每天日落后，眼前展现的星空都会有一些差异，这正是太阳相对于群星不断移动的反映。月亮的情况更明显：在一个月中，每个晚上月边的星星都互不相同。月亮在群星间自西向东地移动，每天达13°之多！

其余那5个天体，看上去和满天的恒星相像，只是显得更明亮。它们夜复一夜地徐徐穿行于群星之间，直到在天穹上绕转整整一周，重又回到原先的地方。

苏美尔人勾画出这5个天体在天空中循踪的途径，并将天空中包容这些径迹的一个带状区域——即“黄道带”——划分为12个星座。太阳遍历所有这些黄道星座，正好要花一年时间。

古希腊人将这5个天体称为planetes，意为“游荡者”。它们是一些“游荡的星”，或“游星”。后来，这个词进入英语成了planet，即如今所说的“行星”。

有一颗行星非常亮，几乎没有一颗恒星能与之媲美，古希腊人便用掌管爱和美的女神阿佛洛狄忒的芳名来称呼它。后来古罗马人又称它为维纳斯（Venus）——罗马神话中的爱神，并在国际上一直沿用至今。古希腊人给予这颗行星一个符号♀，它代表一面镜子，总是在婀娜多姿的爱神身边。

在中国先秦时期，这颗行星起初称为“太白”。春秋战国以后，阴阳五行学说盛行，日被称为“太阳”，月则称为“太阴”，“金、木、水、火、土”五行分别被赋予5颗行星，这就是汉语中5颗行星今名的由来。“太白”是金星，由此又有了“太白金星”的称谓。

有一颗行星的颜色明显呈暗红，这使人联想起流血、战争乃至死亡。因此，古希腊人用战争之神阿瑞斯（Ares）的名字称呼它。古罗马人改称它为马尔斯（Mars）——罗马人的战神，并在国际上通称至今。在中国先秦时代，这颗行星因其“荧荧如火”，兼之行动和亮度变幻惑人，故称“荧惑”，后来又称火星。天文学中用符号♂代表火星，画的是战神随身装备的矛和盾。

木星在中国先秦时期称为“岁星”。它的亮度仅次于金星，有时金星隐没在地平线下，它就成了夜空中最亮的天体。古希腊人用大神宙斯的名字为它命名，古罗马人又用罗马神话中的大神朱庇特（Jupiter）来称呼它，后来这也成了国际通用名。

水星在天空中移动的速度最快，它的国际通用名是“墨丘利”（Mercury）。在古罗马神话中，它是为诸神传递消息的信使，脚上长着一对翅膀，这同水星行动敏捷十分相称。

土星在中国先秦时期称为“镇星”或“填星”，因为它大致28年绕行一周天，每年“坐镇”二十八宿之一。在古希腊神话中它是农神“克洛诺斯”——大神宙斯的

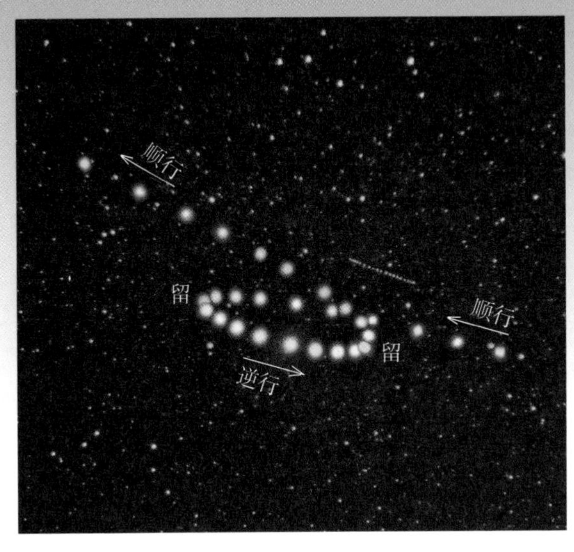

● 图2-02 火星视运动的顺行、逆行和留。

父亲，在古罗马神话中称为“萨都恩”(Saturn)，即如今土星的国际通用名。

在大部分时间内，行星在天穹上总是自西向东地穿行于群星之间。然而，每颗行星都有这样的时候：它移动得越来越慢了，直到某一时刻完全停住；然后倒退着从东往西移动一段时间；而后再次停顿，接着又重新按正常的方向前行。行星自西向东的运动称为“顺行”，自东往西运动称为“逆行”。由顺行到逆行，以及由逆行到顺行之间“完全停住”的瞬间则称为“留”(图2-02)。

行星在天空中运行，仿佛各有一套独特的“舞步”。例如，木星每12年左右环绕天空转完一周，在此期间共有11个逆行期。火星差不多2年就环绕天空转完一周，它只有一个逆行期。但是，火星在逆行期内倒退的路径比木星要长，而且火星在逆行期间总是分外明亮。虽然火星通常比木星暗，但在逆行期间往往比木星更亮。

第二章　世界的体系

伟大的综合

天体的亮度可以用“星等”来衡量。确定星等的方法，可以上溯到古希腊天文学家依巴谷。他的生平已无详细记载，只知其出生时间约为公元前190年，逝世时间约为公元前120年，逝世地可能是爱琴海的罗得岛。这位知识巨人的著述均已失落，人们只是通过托勒玫的著作，才了解到他的一些情况。

依巴谷把天空中最亮的20颗恒星算作“1等星”，稍暗一些的是“2等星”，更暗一些的是“3等星”……直到正常人的眼睛勉强能够看见的“6等星”。如此区分恒星的亮度当然并不严格，就连20颗1等星的亮度也互有差异。天文学还需要一把更精密的恒星亮度“标尺”。

依巴谷去世后差不多过了两千年，19世纪的英国天文学家波格森（Norman Robert Pogson）发现，20颗1等星的平均亮度差不多正好是6等星亮度的100倍。他据此制定了一种亮度“标尺”：恒星的亮度每差2.512倍，它们的星等数就相差1。也就是说，5等星的亮度是6等星的2.512倍，4等星的亮度又是5等星的2.512倍……依次类推，容易算出1等星的亮度就是6等星的（2.512）^{5}倍，即100倍。用望远镜可以看见许多用肉眼无法直接看见的暗星：7等星要比6等星暗2.512倍，8等星又要比7等星暗2.512倍……

另一方面，比1等星更亮的叫作0等星，比0等星更亮的是−1等星……现代天文学中测量天体的亮度很精密，星等要用小数来表示。例如，太阳是−26.7等，满月时的月亮是−12.7等，金星最亮的时候是−4.4等。火星最亮时是−2.8等，最暗时是+1.4等，最亮时比最暗时亮约15倍。

古人看见日月星辰每天东升西落，便认为它们都在绕着大地旋转，而大地则静止在宇宙中心。后来，从科学上集这种宇宙观念之大成者，就是前文已多次提及的托勒玫。

托勒玫生于约公元100年，卒于约170年。他最重要的贡献是对前人天文成就的大综合。他在公元130年前后完成的一部著作，被誉为"伟大的数学综合"。后来此书在阿拉伯人中间流传，书名为*Almagest*，即阿拉伯语"最伟大的"。1175年，此书从阿拉伯语译成拉丁语，欧洲人才由此知道了依巴谷和其他早期希腊天文学家的出色工作。此书最常用的汉语译名是《天文学大成》或《至大论》。

托勒玫在《天文学大成》中详尽地论述了他的地心宇宙体系：地球是宇宙的中心，每颗行星各沿自己的圆形"本轮"匀速转动，同时本轮的中心又沿着一个更大的圆形轨道——称为"均轮"——匀速转动；地球偏离均轮圆心一定的距离，也就是说均轮是偏心圆；日、月、行星在沿轨道运行的同时，还与所有的恒星一起，每天绕地球转动一周。托勒玫精巧地选取诸行星均轮半径与本轮半径的比例，行星在本轮与均轮上运动的速度，以及本轮平面与均轮平面相交的角度，使由此推算的行星动态尽可能与实际的天象相符（图2−03）。

在欧洲，托勒玫的地心宇宙体系被推崇和沿用了14个世纪之久。然而，这种图景其实并不正确。

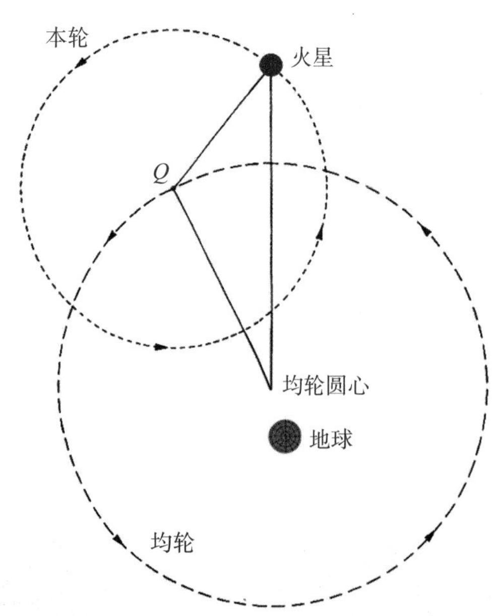

图2−03　在托勒玫地心体系中，行星（此处是火星）在本轮上匀速转动，本轮的中心（Q点）又在均轮上匀速转动。地球偏于均轮圆心一侧。这些运动组合起来，造成了在地球上观察到的行星顺行、逆行和留。

日心说的创立

甚至在托勒玫以前，古希腊的阿利斯塔克（Aristarchus）已经天才地猜测，地球并不在宇宙的中心。阿利斯塔克生于约公元前310年，既是一位伟大的观测家，又是一位天才的理论家。他的大部分著作已经失传，但是《论日月的大小和距离》流传了下来。他在书中推算日月与地球的距离，结果是太阳比月球远19倍。虽然实际数值比这还要大20倍，但作为人类测定天体距离的首次尝试，仍然是值得称赞的。

阿利斯塔克利用月食的机会，测算出月球的直径约为地球直径的1/3，这与实际情况相去不远。由此，他进而推算出太阳的直径是地球的6倍有余，太阳的体积则是地球体积200多倍。这比实际情况小了许多，但仍足以证明，地球绝非宇宙间最显赫的天体。也许正因为这一事实，促使阿利斯塔克勇敢地提出：太阳和恒星一样静止在远方；地球则一面绕地轴自转，一面又环绕太阳运行。然而，阿利斯塔克的想法太超前于时代了，他被指控亵渎神灵，他的理论也为人们所鄙弃。

问题的真正解决，应归功于伟大的波兰天文学家尼古拉·哥白尼。1473年2月19日，哥白尼诞生在波兰维斯瓦河畔的托伦城，10岁丧父后由舅舅卢卡斯·瓦琴罗德（Lucas Watzenrode）抚育。瓦琴罗德从1489年起任瓦尔米亚的主教，他希望哥白尼也成为神职人员。但哥白尼的志趣主要在于自然科学，他在克拉科夫大学修习过天文学、数学、地理学等。1496年秋，他进入意大利博洛尼亚大学攻读教会法规，后来又在帕多瓦大学攻读医学，最后于1503年5月，在费拉拉大学取得教会法规博士学位。

1503年初，在舅父瓦琴罗德的帮助下，哥白尼开始领取布列斯诺圣十字教堂的薪俸，直到1538年才终止。1503年下半年，哥白尼回瓦尔米亚定居，除了一些短期旅行外，再未离开那里。

哥白尼花了30多年的心血，通过详尽的数学计算和大量的天文观测，建立了他的日心宇宙体系。他指出：所有的行星都绕着太阳运行，地球也是环绕太阳转动的一颗行星。行星按离太阳从近到远的次序排列是：水星、金星、地球、火星、木星和土星。他详细解释了天体运动的种种情况，提出推算天体未来位置和动态的方法，并阐明夜空中的恒星要比月亮、太阳和行星遥远得多。

日心体系很自然地解释了行星逆行的原因。例如，地球和火星仿佛在绕着太阳赛跑。地球离太阳较近，跑的是内圈，约365天（即一年）跑完一圈。火星跑的是外圈，约687天跑完一圈。设想地球和火星一同起跑，那么当地球跑完一圈回到起点时，火星才跑了半圈多些，再过一段时间，地球会又一次追上并超越火星。这种情况每780天发生一次。当地球超过火星时，在地球上的观测者看来，火星就好像后退了。事情就是这么简单（图2-04）！

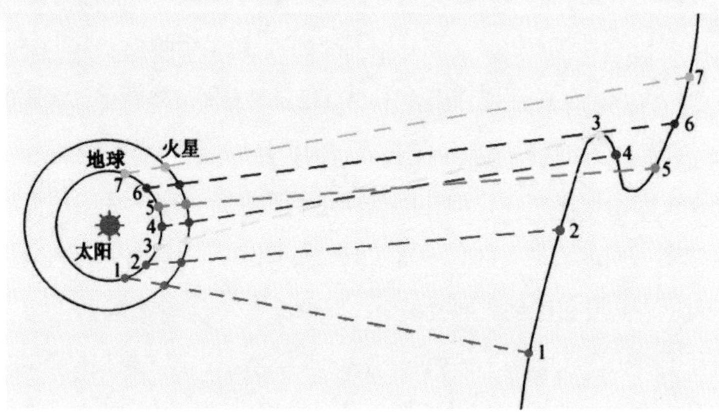

● 图2-04　用日心说解释火星逆行示意图。

当火星和地球分处太阳两侧，从地球上看去火星正好和太阳处在同一方向上，称为火星“合日”。此时火星被淹没在阳光中，我们无法看见它。反之，当火星和地球位于太阳的同侧，从地球上看去火星和太阳正好处于天空中相反的方向上，便称为火星“冲日”。火星在冲日时离地球最近，这时它最亮，也最容易看见。火星合日时与地球的距离可达冲日时的5倍以上。

《天体运行论》问世

天主教会长期维护地心宇宙体系，因为这与上帝创造天地万物、人类居于宇宙中心的教义相吻合。在16世纪30年代后期，哥白尼详述日心说的巨著《天体运行论》已基本写就。他知道关于地球运动的见解会被教会视为异端邪说，因此不想正式发表。最后，在数学家雷蒂库斯（Georg Joachim Rheticus）的强烈要求下，哥白尼才同意出版全书。雷蒂库斯1514年生于奥地利，以哥白尼的第一信徒著称于世。他从1539年5月到1541年9月和哥白尼住在一起，协助修订书稿，并自愿承担《天体运行论》的监督出版工作。他因故离开后，监督出版由路德派教长奥西安德（Andreas Osiander）接替。由于马丁·路德（Martin Luther）曾表示反对哥白尼的理论，奥西安德为稳妥起见，便擅加了一篇未署名的序言，大意是说，日心说主要是简化计算的一种手段，而不在于反映行星运动的真实情况。此举大大削弱了本书的意义，并使哥白尼的声誉受损多年。不能断定哥白尼本人是否见过这篇序言，那时他已右半身瘫痪卧床数月。据传，1543年5月24日哥白尼弥留之际，一本刚印就的《天体运行论》送到了他的病榻旁。

哥白尼这部巨著用拉丁文写就，本无书名，由出版者命名为《关于天球旋转的六卷集》，后人简称《天体运行论》。此书后来被译成许多种文字。1992年10月首次推出的中文全译本《天体运行论》（图2–05），译者是中国科学院紫金山天文台研究员、天体物理学家叶式辉，校者是南京大学天文学系教授、天体力学家易照华。

《天体运行论》对思想界的影响引起了教会的恐慌。意大利杰出的思想家布鲁诺（Giordano Bruno）坚定地捍卫哥白尼的学说，一再抨击教会，被罗马的宗教裁判所幽禁、审问、拷打了8年，但他毫不让步。最后，宗教裁判所宣判布鲁诺为异端，于1600年将他活活烧死在罗马的繁花广场上。1616年，罗马教廷将《天体运行论》列为禁书。当然，这并不能阻挡日心学说的影响不断扩大。

哥白尼的日心体系是一次革命性的飞跃，但仍有局限之处。进一步阐明行星运动的全部复杂性，尚有待德国天文学家开普勒来完成。

● 图2–05 《天体运行论》的第一个中文全译本（叶式辉译，武汉出版社）。

第三章　为天空立法

第谷的生平

1622年，在近代西学东渐史上影响堪与利玛窦（Matteo Ricci）相比的耶稣会传教士、德国人汤若望（Johann Adam Schall von Bell）来华。当他获悉我国元代科学家郭守敬在天文学上取得的伟大成就时，便情不自禁地夸奖后者是“中国的第谷”。对当时的欧洲人而言，这确是一种崇高的赞美。

第谷·布拉赫（Tycho Brahe）1546年12月24日诞生于丹麦的一个贵族家庭，13岁入哥本哈根大学学习法律和哲学，16岁入莱比锡大学，26岁在仙后座中发现著名的“第谷新星”。30岁时，第谷在丹麦国王腓特烈二世（Frederich Ⅱ）资助下，在位于丹麦和瑞典之间的汶岛上建立了“天堡”——一座规模宏大的天文台（图2-06），他研制的大型天文仪器，达到了望远镜时代来临之前的巅峰。

● 图2-06　第谷在丹麦和瑞典之间的汶岛上兴建的“天堡”。

第谷是一位极优秀的天文观测家。他潜心跟踪观测行星的运动，而对火星尤为关注。20年中，第谷在汶岛对火星的位置进行了几千次测量，精度超过以往的任何记录。

第谷有不少可笑的品性。他骄傲自大，目中无人，20岁时竟为争论某个数学问题而在决斗中被对手削掉了鼻子，后来只好装上金属假鼻以正容颜。他念念不忘自己的贵族身份，进行天文观测时总要穿上朝服。51岁时，第谷因与丹麦新国王反目而被迫离境，53岁在布拉格成为神圣罗马帝国皇帝鲁道夫二世（Rudolf Ⅱ）的御前天文学家。

第谷知道开普勒在1596年出版了一部出色的著作，名叫《宇宙的神秘》。他很需要像开普勒那样的理性思维能力，便邀请开普勒来一道工作。1600年2月，开普勒携家眷抵达第谷的贝纳特基城堡观象台。

开普勒对第谷颇寄厚望，但第谷存有戒心，生怕自己请来的助手最后成了科学竞赛的对手，因而不愿把观测记录轻易示人。第谷和开普勒都预感前面会有更丰硕的成果，但他们都无法独自取得。1601年10月24日，第谷因酒食无度而去世。开普勒在致友人的信中写道："第谷临终之夜神智有些不清，他喃喃重复着一些话语，'别让我白活了一场，别让我白活了一场'。宛如在酝酿什么诗篇。"第谷死后，开普勒好不容易才从第谷的女婿那里接过那些价值连城的天文观测资料。

郭守敬的伟绩

再说被汤若望称为"中国的第谷"的郭守敬，生于1231年，比第谷早3个多世纪。

1260年，成吉思汗的孙子忽必烈在开平（今内蒙古自治区多伦附近）登上大汗宝座。1264年（至元元年）他将都城定在原金国的中都（今北京），1272年（至元九年）改称"大都"。1271年（至元八年），忽必烈定国号为"元"，他就是赫赫有名的元世祖。1279年，忽必烈灭南宋，建立了统一的元帝国。

郭守敬的家乡是位于华北平原的历史名城邢台县（今河北省邢台市）。他的祖父郭荣通晓中国古代文史典籍，擅长数学、天文、水利等多种学问，并经常和当地一些饱学之士切磋治学之道。

郭守敬深受祖父影响，用心读书学习，很早就显示出科学才能。31岁时首次晋见忽必烈，就提出6条水利工程建议，此后又领导执行了修浚西夏古河渠等多项重要任务。他根据实际测量的结果，编制了黄河流域一定范围的地形图，并在大地测量方面首创相当于“海拔”的概念。

郭守敬45岁开始奉命全力投入天文事业。他创制的大批天文仪器构思巧妙、精密可靠，大大超越了前人。其中最主要的简仪，是将唐代和宋代结构复杂的浑仪革新简化而成。简仪采用的赤道式装置，在欧洲一直到300年后，才由第谷率先采用。

郭守敬的仪器原件现已无存。明英宗正统二年（公元1437年）曾仿制过一批郭守敬的仪器。如今，那时仿制的简仪依然陈列在南京中国科学院紫金山天文台（图2–07），令无数中外参观者驻足流连，赞不绝口。郭守敬制造的水力机械时钟传动装置相当先进，走在了14世纪诞生的欧洲机械时钟的前头。

再说河南中州大地的登封市，素因少林寺而闻名遐迩。其实，那里还有一个重要的世界天文古迹——郭守敬在阳城（今登封城东南的告成镇）建造的观星台，它

● 图2–07 明代的简仪仿制品（1437年），现陈列于中国科学院紫金山天文台。

是我国现存最早的天文台建筑。郭守敬主持的“四海测验”，是中世纪世界上规模空前的一次大规模地理纬度测量。他编制的星表所含的实测星数不仅突破了历史纪录，而且在往后300年间也无人超越——包括第谷在内。他测定的黄赤交角数值非常准确，欧洲天文学家直到18世纪还借助它来佐证黄赤交角随时间而变化。

郭守敬同王恂等人一起制定了当时世上最好的历法“授时历”。这种历法将回归年——地球绕太阳公转一圈的时间——的长度定为365.2425天，仅比实际年长多了0.0003天！欧洲人直到1582年罗马教皇格里高利十三世（Gregory XIII）改革历法，采用的年长才和授时历相同，但时间比郭守敬晚了302年。这种“格里历”就是如今国际通用的公历。

1291年，60岁的郭守敬再度受命领导水利工作。两年后，从大都到通州（今北京市通州区）的运河——通惠河，在他主持下竣工通航。如今从密云水库直通北京市的“京密引水渠”，自昌平经昆明湖到紫竹院的这一段，大体上还是沿着郭守敬当初规划的线路。他主持的水利工程，对农业生产、水路交通和大都市的繁荣都做出了历史性的贡献。1316年，郭守敬与世长辞，享年85岁。

700年来，人们对郭守敬的赞誉可谓众口一词。在当代，人们又用各种新的形式来表达对他的敬意。中国历史博物馆中设有郭守敬的胸像，介绍了他的事迹。我国邮电部于1962年发行的“纪92”一组8枚“中国古代科学家”邮票中，有一枚就是郭守敬的半身像，另有一枚是简仪。国际天文学联合会于1970年命名月球背面的一座环形山为“郭守敬”，1978年又将第2012号小行星命名为“郭守敬”。1986年，邢台市“郭守敬纪念馆”正式开放（图2–08）。周培源教授曾为该馆题词：“观象先驱　世代景仰”。卢嘉锡教授也题词赞扬郭守敬：

● 图2–08　河北省邢台市郭守敬纪念馆的郭守敬铜像，高4.1米，重3.5吨。

治水业绩江河长在　观天成就日月同辉

试想：当初汤若望要是先知道了郭公，后来才知晓第谷，他会不会反过来把第谷比作“欧洲的郭守敬”呢？

行星运动三定律

第谷与开普勒的合作，对天文学产生了非常重要的影响。

开普勒生于1571年12月27日，幼年禀性聪颖，但体弱多病，5岁时得了一场天花差点丧命。1591年，20岁的开普勒在蒂宾根大学获得硕士学位。得启蒙老师麦斯特林（M. Maestlin）教授举荐，于1594年到格拉茨的一所路德教学校当数学教师。由于听数学课的学生太少，校方便要求他讲维吉尔、伦理学、修辞学和历史。青年开普勒博学多才，获得了校方的好评。

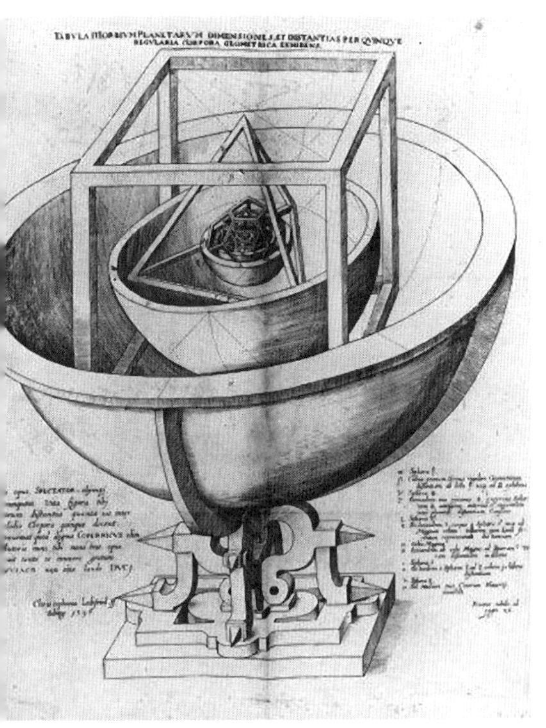

在格拉茨期间，开普勒深入思考了哥白尼的理论。他不断追问自己：行星为何就是6颗？它们轨道间的距离为何恰好这般大小？开普勒醉心于宇宙的和谐，想到了古希腊哲人柏拉图（Plato）的“完美形体”，即三维空间中仅有的五种正多面体：正四面体、正六面体（即立方体）、正八面体、正十二面体，以及正二十面体。他认为正是这些完美形体层层相套，支撑着6个行星所在的“水晶球层”，决定了这些球层的大小（图2-09）。

1596年，开普勒把这些想法写进了《宇宙的神秘》一书。然而，这与行星运动的实际

● 图2-09　开普勒早年设想的宇宙体系示意图。

轨道并不相符，他觉得原因或许是早先的天文观测不够精确。开普勒基于第谷毕生积累的观测资料，经过十分艰辛的计算，发现任何圆形的轨道都无法与火星在天空中的位置变化相吻合。他怀疑会不会另有一种曲线，它不是圆，却与火星的运动相符？他用好几种曲线一一尝试，当试到椭圆时，终于获得了成功。

椭圆就像一个压扁了的圆。椭圆中最长的一条直径叫“长径”，最短的那条则为“短径”，它们的交点就是椭圆的中心。在椭圆长径上，中心两侧各有一个特殊的点称为“焦点”：从椭圆边界上的任何一点到两个焦点的距离之和，正好都等于长径本身的长度。

1609年，开普勒在他的《新天文学》一书中宣布：火星沿着一个椭圆轨道环绕太阳运行，太阳位于该椭圆的一个焦点上。他还证明，这一论断同样适用于其他行星，这就是开普勒的行星运动第一定律。

一个椭圆越扁，它的焦点离中心就越远，远离的程度可以用“偏心率”来衡量。假如焦点恰好位于椭圆中心到长径两端的半途，那么偏心率就是0.5。偏心率越大，椭圆就越扁。地球轨道的偏心率是0.0167，火星轨道偏心率则是0.093。

起先，开普勒利用圆形轨道计算火星的位置，和观测数据仅仅相差8角分——这是手表上的时针在16秒钟内转过的微小角度。但是，他深信“星学之王”第谷的观测数据不会有错，并充满激情地宣称：

> 上帝赐予我们一位像第谷这样卓越的观测者，我们应该感谢神灵的恩典。既然我们认识到使用的假说有误，我们便理应竭尽全力去发现天体运行的真正规律，这8个角分的误差是不容忽视的，它使我走上了改革整个天文学的道路。

一颗行星离太阳越远，绕太阳运动的速度就越慢，公转周期也越长。例如，火星在轨道上运动的速度就比地球慢。即使对于同一颗行星，情况也是如此。例如火星抵达近日点时，运动速度达到最大值26.4千米/秒，而在抵达远日点时，速度又减慢到最小值22.0千米/秒。

开普勒在《新天文学》一书中还公布了他的行星运动第二定律：

一颗行星和太阳的连线（称为行星的向径）在相同的时间内必定扫过相等的面积。（图2–10）

● 图2–10 1971年联邦德国发行的开普勒纪念首日封，邮戳图案表现的是行星运动第一和第二定律。

开普勒在继续思考：行星运动的第一定律和第二定律只是分别道出了每颗行星的运动情况，难道各个行星的运动彼此间就没有任何联系吗？

一颗行星在其椭圆轨道上，从各处到太阳的平均距离，就等于该椭圆的半长径。开普勒把地球轨道的半长径称为1个“天文单位”。他用天文单位来量度诸行星到太阳的距离，并用年为单位来计算行星的公转周期。经过无数次的尝试和失败，他终于发现了一种奇妙的关系：

行星公转周期的平方与它们到太阳的距离的立方成正比。

1619年，开普勒在《宇宙谐和论》一书中发表了这条行星运动第三定律。他欣喜若狂地写道：

> 这正是我16年前就强烈希望探求的东西……领悟到这一真理，超出了我最美好的期望。大事告成，书已写就，可能当代就有人读它，也可能后世方有人读……这些，我就管不着了。

开普勒是有史以来正确阐明行星如何运动的第一人，被后人尊称为“天空立法者”。

第四章 近代天文学的曙光

开普勒之死

1618年开普勒发现行星运动第三定律之后才8天，历史上极端残酷的“三十年战争”在布拉格爆发。开普勒的妻儿都在战争中死于入侵者带来的传染病。许多老年妇女在战乱中被当作巫婆烧死，开普勒的母亲生性强悍，得罪了当地有权势的人物，在一个夜里被人当作巫婆装进洗衣筐弄走了。开普勒前后奔走了6年，才使母亲免于一死。

1630年，开普勒因数月未拿到薪俸而度日维艰。他只好亲自远行，向当局索取欠薪。在抵达雷根斯堡时，他突然重病，高烧不止，于11月15日凄然离世。女婿巴尔奇将开普勒本人的诗句作为其墓碑碑文：

我曾测过天空，
而今将测地下的阴暗。
虽然我的灵魂来自上苍，
我的躯体却躺在地下。

开普勒的行星运动定律是近代天文学的一道曙光，但他本人并不明白行星为什么会这样运动。半个多世纪后，英国大科学家牛顿（Isaac Newton）在研究行星运动定律的基础上发现了“万有引力定律”。原来，行星之所以像开普勒描述的那样运动，乃是因为太阳和行星之间的万有引力在起作用。

沉睡的“夜”

哥白尼的不朽巨著《天体运行论》，引发了人类宇宙观念的重大革新。德国大诗人歌德（Johann Wolfgang von Goethe）称赞哥白尼的日心说“震撼人类意识之深，自古无一创见、无一发明可与之相比”。

1616年，《天体运行论》遭到教会查禁。又过了16年，天文望远镜的发明者、意大利科学家伽利略出版了他的名著《关于托勒玫和哥白尼两大世界体系的对话》（图2–11）。书中以诙谐委婉的笔调，让分别代表托勒玫观点和哥白尼观点的两个人在一个聪明的门外汉面前辩论，并让代表哥白尼派的那个人取得了辉煌胜利。有人竭力在教皇面前进谗，说书中代表托勒玫派的人物实际上是影射教皇本人，结果这部《对话》出版不到半年即为教会所禁。1633年，69岁的伽利略在罗马遭教廷审讯，被处监禁家中。1642年1月8日，这位科学巨匠在软禁中逝世于佛罗伦萨附近的阿切特里村。

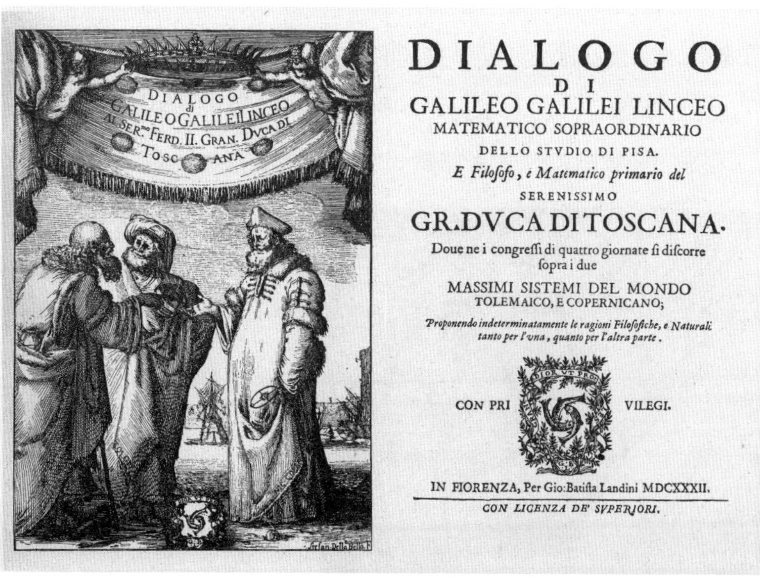

● 图2–11 伽利略的名著《关于托勒玫和哥白尼两大世界体系的对话》(1632年)的卷首插图和扉页。

从哥白尼到伽利略这一历史时期，正值欧洲文艺复兴从盛期过渡到晚期，近代自然科学在文艺复兴的氛围中孕育诞生。从哥白尼诞生到伽利略出世，中间正好贯穿了意大利雕刻、绘画、建筑巨匠米开朗琪罗（Michelangelo di Lodovico Buonarroti Simoni）伟大的一生。

米开朗琪罗与达·芬奇（Leonardo da Vinci）、拉斐尔（Raffaèllo Sanzio）并称意大利文艺复兴"三杰"。1475年3月6日，米开朗琪罗出生在佛罗伦萨附近的卡普里斯镇，那时哥白尼才2岁。1496年，米开朗琪罗初访罗马。他在那里的圆雕《哀悼基督》美中见悲，悲中有美，表现出真挚、深沉、庄重与崇高的感情。人们纷纷猜测它出自哪位大师之手，于是年轻的米开朗琪罗在圣母的衣带上刻上了自己的名字，使之成为其一生中唯一的题名作品。

教皇与权贵们逼迫米开朗琪罗为满足他们的私欲效力：建造陵寝，装饰教堂……这使在逆境中坚持理想的艺术家充满了痛苦，也使他的作品获得了永久的生命。

16世纪30年代初，在教皇克列门七世（Clement Ⅶ）控制下，米开朗琪罗以沉郁悲壮的风格完成了美第奇家族墓室的雕刻。那是两组象征性的人像：《昼》《夜》和《旦》《夕》。每组各由一男一女两座裸像组成，他们各自斜卧在墓室的弧形石饰上，无声地诉说着艺术家忧国忧民、悲愤交加的思想感情。

《夜》在这群雕像中尤为突出，它的形象是一位妇女。她沉睡着，姿势很不舒服：头深深地垂向胸前，由右手支撑着；她的右肘撑在上翘的左腿上，腿的下方蜷伏着一只猫头鹰。她的坐毡下有一只表情惊愕的面具，令人想起连夜的噩梦（图2–12）。米开朗琪罗的挚友、诗人乔万尼·斯特洛茨依有感于雕刻家卓绝的技艺，为《夜》写了一篇赞美诗：

● 图2–12 米开朗琪罗的雕像《夜》尺寸为155厘米×150厘米，最大跨度194厘米。裸女的体格壮美与精神沮丧之强烈对比，刻画出艺术家的愤怒与痛苦。

夜，你所看到的妩媚入睡的夜，
乃是受天使点化的一块活石；
她睡着，但具有生命的火焰，
只要你唤醒她
——她将与你说话。

米开朗琪罗的酬答更加脍炙人口：

睡眠是甜蜜的，成了顽石更幸福，
只要世间还有羞耻与罪恶。
不见不闻无知觉，是我最大的快乐；
别来惊醒我！啊，讲得轻些吧！

1564年2月18日，伽利略诞生后3天，89岁高龄的米开朗琪罗告别了人间。“夜”在欧洲持续了很久，然而它终究掩盖不住真理的曙光。1835年，教会在禁书目录中删去了《天体运行论》和《关于托勒玫和哥白尼两大世界体系的对话》；1889年，罗马繁花广场上竖起了布鲁诺的铜像；1965年，教皇保罗六世（Paul Ⅵ）访问伽利略的故乡比萨时，赞扬了这位科学家。1979年，教皇约翰·保罗二世（John Paul Ⅱ）宣称伽利略因天文观点而遭教廷审判有失公正，并决定重审伽利略一案；1992年10月，这位教皇在梵蒂冈最终宣布教廷对伽利略的谴责是错误的，并为伽利略彻底恢复名誉。

文化巨人交相辉映

从哥白尼诞生到伽利略去世这一时段，相当于我国明代的中后期。在此期间，中国也涌现出不少杰出人物。那时出现了李时珍（1518—1593），他的《本草纲目》后来被译成多种文字在世上广为流传；出现了徐霞客（1587—1641），他在《徐霞客游记》中对石灰岩地貌的记载是世界上有关喀斯特地貌的最早科学文献；出现了宋应星（1587—1666），其代表作《天工开物》内容涉及农业和工业近30个部门的技术……然而，这些乃是旧时代的余辉，而非新世纪的曙光。郭守敬那样的辉煌已成过去，中国的科学渐渐地长期落后于西方了。

在这一时段，中国还出现了一些影响久远的文人。例如，生于1550年的戏曲家汤显祖。他于1598年创作的昆剧《牡丹亭》，在400多年后的今天依然唱彻大江南北、海峡两岸……在世界上，又有另一些名字响亮的文化巨人。例如，《堂吉诃德》的作者、西班牙作家塞万提斯（Miguel de Cervantes Saavedra）生于1547年，英国剧作家莎士比亚（William Shakespeare）生于1564年，他们与汤显祖同卒于1616年。

还有英国哲学家弗兰西斯·培根（Francis Bacon）。培根1561年诞生于伦敦，1584年进入议会，1603年被封为爵士，1607年成为副检察长，1613年成为检察总长，1618年成为大法官，同年晋封为弗鲁拉姆男爵。1621年他60岁时，又受封为奥尔本斯子爵。培根善于趋炎附势，最后因受贿证据确凿断送了仕途。

然而，培根又是一位影响深远的学者。他于1620年发表的《新工具论》一书，系针对古希腊亚里士多德的《工具论》而作。《工具论》论述一种推理方法——演绎法，《新工具论》则论述了一种新的推理方法——归纳法。培根给实验科学以崇高的地位，以精练通顺的语言叙述实验科学的理论。由于他的影响，实验科学在英国绅士中广为流行。其中有一个小组经常聚会讨论和实践这一新风尚，最后发展成了英国皇家学会。此时，意大利也有了一个类似的小组“猞猁学会”，伽利略就是它的成员。

1626年3月，培根忽然怀疑雪（其实应该是“冷”）是否会延缓生命组织的腐烂。当时他坐在马车中，凝视着外面的雪堆，浮想联翩。他跳下马车，买了一只鸡，亲手把雪塞进鸡的身体。结果，他本人受了寒，转为支气管炎，于当年4月9日卒于伦敦。

在中国，明朝末年的礼部尚书兼文渊阁大学士徐光启（图2-13），是培根和伽利略的同时代人。他向来华的早期耶稣会士利玛窦学习西方的天文、历法、数学、测

● 图2-13 深受后人崇敬的中国近代著名科学家徐光启。图为上海市徐汇区光启公园内表现徐光启与利玛窦切磋学问的塑像。

量和水利等科学技术知识（图2-13），近代中国的“西学东渐”大致即始于此。由利玛窦口译、徐光启笔述的古希腊欧几里得（Euclid）《几何原本》前6卷，便是这种文化碰撞的一件代表作。

IADVM CONSTELLATIO.

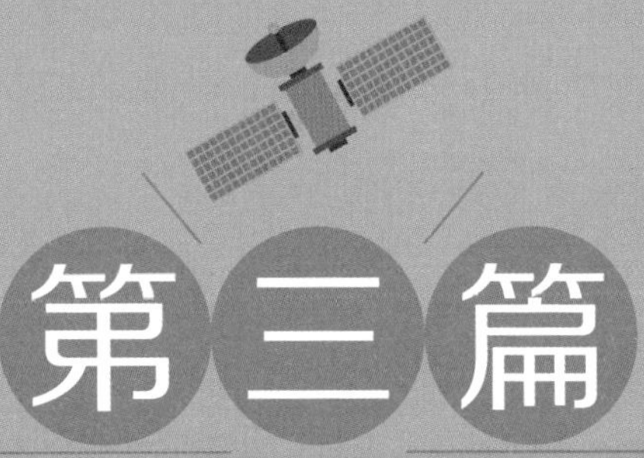

第三篇

天文望远镜传略

伽利略、他的天文望远镜和若干重要发现。2009年国际天文学联合会为庆祝天文望远镜诞生400周年，出版了《注视天空的眼睛——天文望远镜发现400年》（*Eyes on the Skies: 400 Years of Telescopic Discovery*）等图书，本图系此书第一章之章首图。

第一章 了不起的新事物

天文望远镜诞生

历史的车轮滚滚向前。无论是第谷型的，还是郭守敬式的天文仪器，毕竟都过时了。一种了不起的新事物——天文望远镜的诞生，与全新的科学思想相辅相成，使人类对宇宙的认识发生了无论怎样估计也不会过高的伟大飞跃。

现在，就让我们从望远镜的童年说起。

在400多年前，荷兰人很善于制造透镜。他们的店铺里，琳琅满目的透镜十分诱人。相传1608年的某一天，眼镜商汉斯·利帕席（Hans Lippershey）的一个小学徒偶然拿起两块透镜，一近一远放在眼前自娱自乐，结果看到远处教堂上的风向标竟然变得又近又大了。

利帕席将两块透镜安装在一根金属管子里的两端，这就成了最早的望远镜。那时，荷兰为了赢得独立已经与西班牙苦战40年。荷兰主要是靠海军抵抗西班牙的优势兵力。望远镜使荷兰舰队早在敌人看见他们之前，就能先发现敌人的船只，从而占据优势。

1609年，在意大利，45岁的伽利略听说荷兰人发明了望远镜，立刻就明白了其中的道理，造出了自己的望远镜。他把一块凸透镜和一块凹透镜装进一根直径4.2厘米的铅管两端：凸透镜是“物镜”，在被观测物体的那端；凹透镜是“目镜”，在靠近眼睛的一端。

伽利略的那些望远镜，性能还不如现代的高品质观剧镜。然而，当伽利略将它们指向天空时，人类对宇宙和自身的看法就开始彻底改变了。

1609年11月30日，伽利略通过望远镜看到月球“表面布满凹坑和凸起，显得非常粗糙、崎岖，和地球表面并无太大差异。”地球近旁就有一个与其相似的世界，这明显降低了地球在宇宙中的特殊地位。

伽利略又看见太阳上不时出现的黑斑——太阳黑子，一天天从太阳东边缘逐渐移向西边缘，这表明太阳在不停地自转着。那么，远比太阳小得多的地球也在自转，还有什么可大惊小怪的呢？

伽利略通过望远镜看到，银河原来是由密密麻麻的大片恒星聚集在一起形成的。他还看到了前人从未见过的大量比6等星更暗的星星，这就雄辩地证明宇宙远比前人想到的更加浩瀚和复杂。

1610年1月，伽利略从望远镜中看到木星附近有4个小光点，夜复一夜，它们的位置在木星两侧来回移动，而且总是大致处在一条直线上（图3-01）。伽利略断定，这些小亮点都在稳定地环绕木星转动，犹如月球绕着地球转动一般。这4个天体是人类在太阳系中发现的第一批新天体，后来统称为“伽利略卫星”。

● 图3-01　伽利略记录的木卫位置变化图。

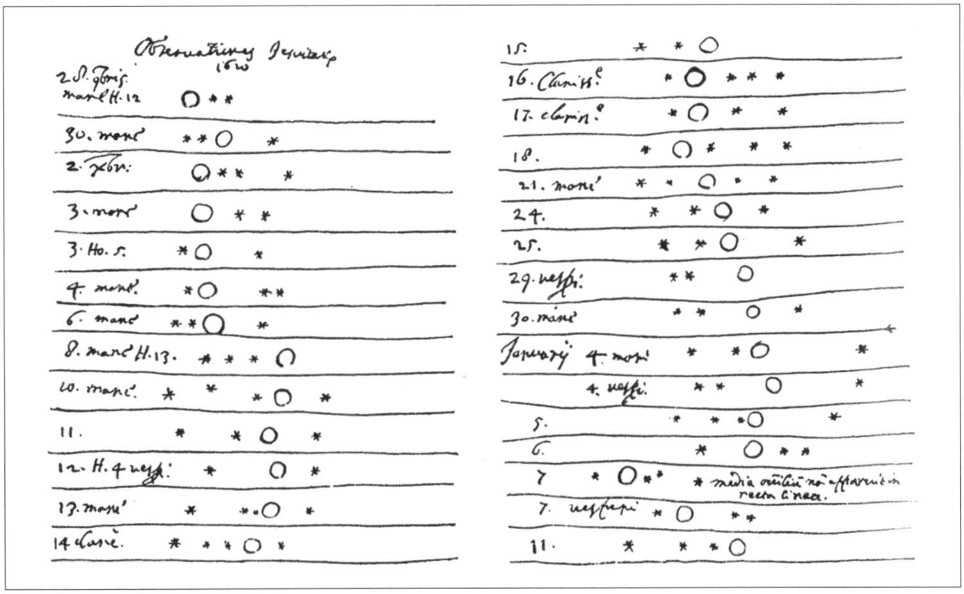

不久，德国天文学家西蒙·马里乌斯（Simon Marius）也通过望远镜看见了这些卫星。他沿袭以神话人物命名天体的古老传统，按离木星由近到远的次序，依次将这4颗卫星命名为伊俄（Io）、欧罗巴（Europa）、加尼米德（Ganymede）和卡利斯托（Callisto）。在汉语中，它们依次定名为木卫一、木卫二、木卫三和木卫四。

1629年出生于海牙的荷兰天文学家惠更斯（Christiaan Huygens）制作的望远镜，远胜于伽利略的那些。1655年3月25日，惠更斯首先发现土星的一颗卫星，它被命名为泰坦（Titan），后来编号为土卫六。这是一颗很大的卫星，其直径几乎为月球的1.5倍。今天我们知道，它的大气组成成分与地球大气相近。

木卫的小插曲

伊俄、欧罗巴、加尼米德和卡利斯托都是希腊神话中的人物，深受大神宙斯宠爱。关于他们，有许多奇妙的故事。

例如，在希腊神话中，美貌的卡利斯托是月亮女神阿尔忒弥斯（即罗马神话中的狄安娜）的侍从，大神宙斯爱上了她（图3-02），施计与她生下一个男孩阿卡斯。天后赫拉妒忌得要命，就把卡利斯托变成一头大母熊。15年后，阿卡斯长成了一个英俊的小伙子。有一天他在森林里看见一头大熊要来拥抱自己，便举起长矛向她扎去——阿卡斯怎么也想不到这就是自己的妈妈。这时宙斯恰好从天上经过，就把阿卡斯也变成了一头熊。小熊认出了妈妈，亲切地扑到她的怀里。宙斯非常高兴，就把他们提升到天上，变成了两个星座：大熊座和小熊座。

在欧洲，有人详加考证，认为马里乌斯发现木卫比伽利略还要早10天。因此，不少人将他俩并列为上述4颗木卫的发现者。

20世纪80年代，这事遇到了意外的挑战。1981年4月号的中国《天体物理学报》，刊出著名科学史家席泽宗的论文《伽利略前二千年甘德对木卫的发现》。后来，此文被译成了英文。

甘德是我国战国时期的天文学家，他的著作已失传，只在唐代天文学家瞿昙悉达编的《开元占经》中保存了部分内容。席泽宗注意到甘德有一段古奥的话，大意

● 图3–02 法国画家布歇（François Boucher，1703—1770）的名作《朱庇特和卡利斯托》（1744年）。朱庇特（宙斯）化身为女神狄安娜，来同卡利斯托亲近。

是木星“若有小赤星附于其侧，是谓同盟”。“同盟”是春秋战国时期常用的一个词语，原指国家间为共同目的而结合。此处的“同盟”指木星旁边有一颗小赤星，同木星组成一个系统。所谓“色浅曰赤，色深曰朱”，赤与木卫的颜色大致相符。甘德此话意味着，木星有浅红色的小卫星。

甘德的时代没有望远镜，他用肉眼能看见木卫吗？从地球上看去，木星的4颗伽利略卫星，最亮的时候视星等可以达到4.6～5.6等，它们与木星的最大角距离在2′18″—10′18″之间，正常情况下肉眼应该能够看见。不过，木星本身要比这些木卫亮百倍以上，在如此明亮的木星近旁用肉眼看到那些黯淡的卫星，实在不是易事。

为此，席泽宗和北京天文馆的专家一起，利用北京天文馆的天象厅做了模拟观测。他们将木星的亮度设为−2.0等，卫星的亮度设为5.5等，结果是卫星离木星5′时，目力好的人已能看到。据此，他们推断甘德所见者应是木卫三或木卫四，而以木卫三的可能性最大，因为它最亮也最大。

现代人是否能用肉眼直接看见木卫？天文观测有一个大敌，那就是人为光源造成的光污染。观测越暗弱的天体，天文工作者就越是必须到免遭光污染的地方去。1981年3月，中国科学院自然科学史研究所的刘金沂先生一行8人，包括北京市的6名中学师生，前往地处燕山深处的中国科学院北京天文台兴隆观测站，在3月10日和11日两个晚上亲眼尝试，结果都看到了木卫三，有3人可能还看到了木卫二和木卫四。

席泽宗运用多种史料，推算出甘德发现木卫三是在公元前400年到公元前360年之间，而最可能是公元前364年夏天，当时恰逢木星冲日。在将近2400年前有这样的发现，真是够精彩啦。

另一类望远镜

伽利略的望远镜以光线的折射为基础，称为“折射望远镜”。玻璃对不同颜色的光具有不同的折射能力，这叫作色散。红光的折射最少，所以它通过凸透镜后，聚焦在较远的地方；橙、黄、绿、蓝、紫光则依次聚焦在越来越靠近透镜的地方。因此，无论你怎样调焦，物像周围总会出现一道稍带彩色的环边。这种现象叫作色差，它使星像变得模糊。

牛顿认为，透镜的色差永远也无法避免。他发明了利用凹面反射镜使光线聚焦并成像的另一类望远镜，即“反射望远镜”(图3–03)。反射镜以完全相同的方式反射所有各种颜色的光，因此不会产生色差。

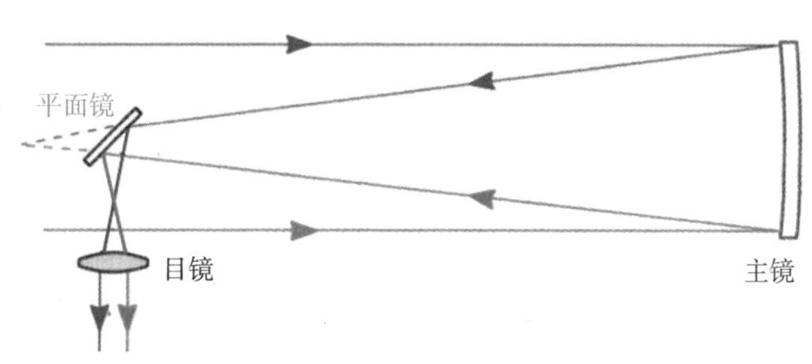

● 图3–03 牛顿式反射望远镜的光路图。

1668年，26岁的牛顿制成第一架投入使用的反射望远镜。它长约15厘米，主镜口径仅约2.5厘米，活像个小玩具，但它产生的物像却可以放大40倍。1672年1月11日，他将第二架反射望远镜送达英国皇家学会，其主镜口径为5厘米。

早期的反射望远镜面临的困难之一，是不容易获得高反射率的金属反射镜。这使反射望远镜产生的物像不如折射望远镜的物像明亮。其次，金属反射镜会逐渐失去光泽，需要经常抛光。折射望远镜则除了偶尔清除积尘外，可以一直工作下去。

再者，折射望远镜的色差并非不可克服。用两种不同折射率的玻璃(例如火石玻璃和冕牌玻璃)配合制成的复合透镜，可以在很大程度上消除色差，称为消色差透镜。但是，制造大块的优质透镜玻璃很困难，这使初期的消色差透镜口径很难超过10厘米，反射望远镜却可以做得更大。

反射望远镜和折射望远镜都在努力克服自身的缺陷，哪一方取得突破性的进展，就会受到更多天文学家的青睐。18世纪后期，由于威廉·赫歇尔杰出的工作，竞争的优势倒向了反射望远镜。

第二章　头300年的竞赛

从赫歇尔到罗斯

1738年11月15日，威廉·赫歇尔生于德国的汉诺威城。父亲是军乐队的双簧管手，6个孩子中，威廉排行第三。他15岁就在军乐队中当小提琴手和吹奏双簧管，志向是当作曲家。

威廉兴趣广泛，将大量业余时间用于研读数学和语言，后来又加上光学，并产生了用望远镜亲眼观看各种天体的强烈愿望。

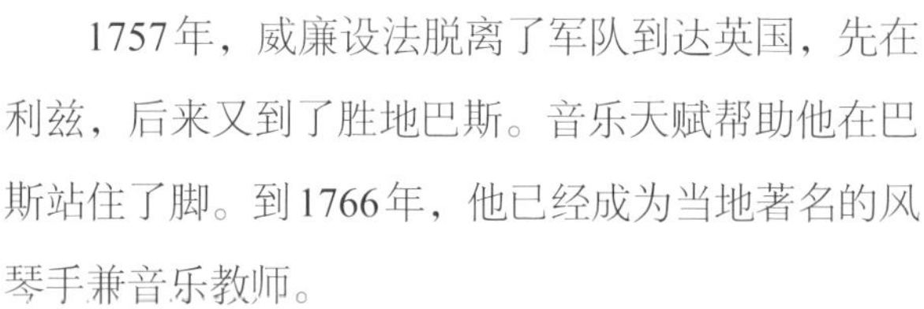

1757年，威廉设法脱离了军队到达英国，先在利兹，后来又到了胜地巴斯。音乐天赋帮助他在巴斯站住了脚。到1766年，他已经成为当地著名的风琴手兼音乐教师。

● 图3–04　威廉·赫歇尔的肖像。英国著名肖像画家莱缪尔·阿博特（Lemuel Abbott）作于1785年，那时赫歇尔47岁，画家才25岁，英国国家肖像馆藏。

威廉的妹妹卡罗琳·赫歇尔（Caroline Lucretia Herschel）生于1750年3月16日，排行第五。1772年，威廉回汉诺威待了一段时间，然后卡罗琳随他到了巴斯。她向威廉学习英语和数学，悉心料理家务，还是威廉极称职的工作助手。当威廉整天不停地研磨镜面，无暇腾出手来吃饭时，卡罗琳就亲手一点一点地喂他吃东西。凭借惊人的努力，威廉最终成为制造天文望远镜的一代宗师（图3–04）。

当时的英国处于汉诺威王朝前期。1760年继位的乔治三世与威廉·赫歇尔同岁，在位时间长达60年之久。1781年3月13日，威廉用他所钟爱的那架口径15厘米、长2.1米的反射望远镜，在人类历史上破天荒地发现了一颗比土星更遥远的新行星——天王星。国王乔治三世满心欢喜，便任命其为御用天文学家，从此威廉就不再靠音乐谋生而专致于天文研究了。

本书第一篇已经提到，威廉·赫歇尔于1784年提出银河系形状似盘，银河就是盘平面的标志，太阳只是众星世界中的沧海一粟。早先，哥白尼将地球逐出了“宇宙的中心”，如今赫歇尔又将太阳逐出了这一特殊地位。

1786年，威廉发表了《一千个新星云和星团表》。那年4月，他移居温莎以北不远的白金汉郡斯劳。在那里，他实现了多年来的梦想，造出一架口径达1.22米、焦距12.2米的大型金属镜面反射望远镜（图3–05）。它是18世纪天文望远镜的顶峰，随时有人来瞻仰，乔治三世和外国的天文学家都是常客。威廉将国王给他的津贴，全部用于维护保养望远镜和支付工人的工资，因而经济状况依然拮据。直到1788年50岁时娶了一名有钱的寡妇，情况方始彻底改观。

赫歇尔对太阳系进行广泛的研究，1787年发现天王星的2颗卫星——天卫三和天卫四，1789年发现土星的2颗新卫星——土卫一和土卫二。同年，他发表《又一千个新星云和星团表》。卡罗琳也在

● 图3–05　赫歇尔制造的口径1.22米、焦距12.2米的大型反射望远镜（画家佚名）。

移居斯劳后的十多年中，先后发现了8颗新的彗星。

1794年到1797年间，赫歇尔制作了6份星表，以视亮度为序列出将近3000颗恒星。一个世纪以后，美国天文学家爱德华·皮克林（Edward Charles Pickering）将它们与“哈佛照相测光”的新成果做比较，结果惊奇地发现赫歇尔的星表竟然精确到0.1个星等以内！1802年，威廉发表了他的又一份星云星团表。

威廉老矣！1819年，81岁的他进行了最后一次天文观测。1821年，他当选英国天文学会（英国皇家天文学会的前身）的第一任主席。1822年8月25日，84岁的威廉在斯劳与世长辞。他是历史上最全能的天文学家之一。

威廉死后，卡罗琳回到阔别半个世纪的故乡汉诺威，以72岁高龄继续编纂一份她哥哥曾经观测过的全部星云和星团的表。1825年完工后，她将手稿给了威廉之子约翰·赫歇尔（John Frederick William Herschel）。1846年，96岁的卡罗琳接受了普鲁士国王授予她的金质奖章。1848年1月，终身未嫁的卡罗琳在汉诺威逝世，享年98岁。

威廉的独生子约翰·赫歇尔1792年生于斯劳，1813年毕业于剑桥大学圣约翰学院，学业极佳，21岁便当选为皇家学会会员。1816年，24岁的约翰回到斯劳，接替78岁高龄的父亲承担大量的观测工作，在父亲指导下制造望远镜，同时继续研究纯数学。

为了将父亲的巡天和恒星计数扩展到南天，约翰·赫歇尔于1834年1月携妻儿到达南非的开普敦，在那里工作了4年。他历时9年编纂的《好望角天文观测结果》是一部杰作，于1847年出版。1848年，约翰当选英国皇家天文学会主席。1849年他写成《天文学纲要》一书，我国清代数学家李善兰和传教士伟烈亚力（Alexander Wylie）合作将其译成中文，书名易为《谈天》，1859年由上海墨海书馆出版。书中关于哥白尼学说、开普勒行星运动定律和牛顿万有引力定律的介绍，令当时的中国人耳目一新。1871年，79岁的约翰与世长辞，安葬在威斯敏斯特大教堂中离牛顿墓很近的地方。

赫歇尔一家在英国天文学史上的权威地位几乎长达一个世纪。1839年，威廉·赫歇尔那架巨炮似的大望远镜变得摇摇欲坠了。于是，人们把它拆卸、放倒，约翰率领家人进入镜筒唱起了安魂曲。

爱尔兰人威廉·帕森斯（William Parsons）决心要赶超赫歇尔的望远镜。帕森斯1800年生于英国约克，1841年世袭成为第三代罗斯伯爵（The 3rd Earl of Rosse），后人常称他为罗斯。他有足够的金钱，有充裕的时间，有必要的技术知识，可以训练佃户来干活，在自家的领地上建造望远镜。

罗斯从1827年开始，相继造出了口径38厘米、61厘米乃至91厘米的金属反射镜。1842年他又开始制造一块口径1.84米的金属反射面镜，其面积是赫歇尔那架最大的望远镜的2.25倍，重达3.6吨。望远镜镜筒长17米，直径2.4米，用厚厚的木板制作，并用铁箍加固。为了挡风，镜筒安置在两道沿南北走向的高墙之间。每道墙高17米、长22米，望远镜在东西方向最多只能偏转15°。

罗斯的这架巨大的望远镜，通常以“列维亚森”（Leviathan）著称（图3–06）。“列维亚森”原是《圣经·旧约》中描述的一种巨大海怪，后来在英语中转指各种庞然大物，例如巨型轮船或极有权势的人物。

1845年2月“列维亚森”投入测试和使用。罗斯发现梅西叶表中的M51貌似呈旋涡状，人们由此认识了第一个旋涡星云。1848年，罗斯发现梅西叶表中的M1内部

● 图3–06 罗斯制造的口径1.84米的金属反射面望远镜“列维亚森”。

贯穿着许多不规则的明亮细线，活像一只螃蟹，故称其为“蟹状星云”。我们在第一篇中已经看到，这两项发现是多么重要。

金属镜面很重，价格昂贵，易于腐蚀，随温度变化容易变形。幸好，后来发明了在玻璃上镀银的方法。沉积在玻璃上的银膜很牢固，经抛光可以高效地反射光线。20世纪初叶，镀铝技术又取代了镀银。新镀的银膜可将落到它上面的光反射65%，铝膜则能反射82%。由此可见，反射望远镜的前景相当光明。

分光镜和赤道仪

折射望远镜为天文学带来的新发现，可再次从伽利略说起。1610年，伽利略看到土星两侧仿佛各有一个附属物，便猜想它们或许是土星的卫星。但是，两年以后这些附属物竟然消失不见了。1616年，奇怪的附属物重又出现在伽利略的望远镜中，这位科学老人终其一生也没弄清楚那究竟是什么。

差不多40年之后，荷兰天文学家惠更斯在1656年看清了那些奇怪的附属物原来是环绕土星的一圈薄薄的光环。惠更斯正确地解释了光环形状不断变化的原因：它以不同的角度朝向我们，当我们朝它的侧边看去时，薄薄的光环仿佛便消失了。1675年，巴黎天文台的卡西尼发现土星光环中有一道暗的缝隙，即卡西尼环缝。环缝外侧的那部分光环叫作A环，里侧的部分叫B环（图3-07）。

● 图3-07　哈勃空间望远镜拍摄的土星，外侧的A环和里侧的B环之间的环缝清晰可见。

后来，天文学家又发现许多新的土卫。1898年，美国天文学家爱德华·皮克林的弟弟威廉·皮克林（William Henry Pickering）发现了土卫九。这是19世纪发现的最后一颗卫星，也是人们用照相方法发现的第一颗卫星。据国际天文学联合会公布的资料，截至2021年2月26日，已发现的土卫总数达到82颗，其中53颗已正式命名。

再说1666年，牛顿让太阳光通过一个小孔投射到棱镜上，透过棱镜的光在远处形成了彩色的光谱。1802年，英国科学家沃拉斯顿（William Hyde Wollaston）将小孔改为细缝，避免了各种颜色的重叠。19世纪的天文学家日渐认识到研究天体光谱的重要性，而最初的重大发现，是德国光学家夫琅禾费（Joseph von Fraunhofer）做出的。

夫琅禾费生于1787年，是一位釉工的儿子，曾跟一个光学技师当学徒。他顽强地自学光学，研究玻璃特性如何随制备方法而变化。他改进了多种光学仪器，并且第一个用一组间隔很小、密集排列的细丝——这称为“光栅”，来代替棱镜，使白光色散成光谱。

1814年，夫琅禾费发明了一种简单的分光镜：让太阳光通过一条极细的狭缝，再经过一个光栅，最后用一具望远镜检测由此得到的光谱。他发现太阳光谱中存在着大量的暗线，而且这些暗线在光谱中总是具有固定的位置。夫琅禾费测出这些谱线的波长，并用字母A、B、C、a、b、c……标记那些主要的光谱线（图3-08），至今人们仍用这些字母来称呼它们。这些暗线后来被统称为“夫琅禾费线”，查明它们的性质和起源激起了19世纪科学家们的广泛兴趣。

● 图3-08 夫琅禾费的太阳光谱图（现藏德意志博物馆）。

● 图3-09 夫琅禾费制作的赤道仪，外观优雅，其消色差透镜口径23厘米。转仪钟位于镜筒与支架的交接处，由一个缓慢下降的重锤（图中铜质圆柱状物）提供动力。海王星就是用这架望远镜发现的（现藏德意志博物馆）。

夫琅禾费造出了一些口径超过20厘米的消色差透镜，并用它们建成几架当时世上最大最好的折射望远镜。地球自转造成了天体的东升西落，致使望远镜难以始终对准观测目标。夫琅禾费的一大创新，就是给望远镜装了一种恰能补偿地球自转的设备——它本质上是一套钟表机构，称为“转仪钟”。观测者将望远镜的镜筒调节到对准观测目标并予以锁定，然后就靠转仪钟自动跟踪了。这种带转仪钟的折射望远镜称为“赤道仪”（图3-09），它们结构灵巧，操作方便，观测精度很高。夫琅禾费的赤道仪平衡装置非常精妙，以至于用一个手指就能推动整架望远镜。

1826年，夫琅禾费因患肺结核英年早逝，当时还不满40岁。

折射望远镜之巅

19世纪上半期，建国仅几十年的美国开始加入研制天文望远镜的竞赛。钟表匠威廉·邦德（William Cranch Bond）自学成才，于1847年被任命为哈佛天文台台长。他致力于将天体的像聚焦到照相底片上，是天体照相术的先驱之一。1849年，哈佛天文台用邦德造的一架38厘米口径折射望远镜拍摄月球照片，20分钟曝光期间望远镜始终准对月球。这张照片太逼真了！威廉·邦德的儿子乔治·邦德（George Phillips Bond）把它带到1851年在伦敦“水晶宫”举办的第一届世博会上，引起了轰动。

美国人阿尔万·克拉克（Alvar Clark）以肖像画为业，却一心研究怎样才能造出更好的透镜。他在儿子阿尔万·格雷厄姆·克拉克（Alvar Graham Clark）帮助下开设一家工厂，取得了成功。1870年，克拉克父子开始为美国海军天文台建造口径66厘米的折射望远镜，其透镜重达45千克，镜身长13米，质量极佳。

美国金融家利克（James Lick）在1849年加利福尼亚黄金热期间赚了不少钱。他渴望为自己树碑立传，便于1874年宣称留下70万美元——当时的价值远非现在所能比，用来造一架当时世上最大最好的折射望远镜。工作主要由小克拉克承担。14年后，一架口径91厘米的折射望远镜终于建成，其镜筒长18.3米，于1888年1月3日正式启用。利克几年前已经去世，遗体安葬在以他命名的这架望远镜的基墩里。天文台坐落于加利福尼亚州北部的汉密尔顿山上，冠名"利克天文台"。

1892年，美国天文学家巴纳德（Edward Emerson Barnard）使用利克望远镜发现了木星的第5颗卫星，即木卫五。它的直径只有110千米，比4颗伽利略卫星更靠近木星。发现这样又小又暗的天体，必须拥有极好的望远镜和极敏锐的眼睛，巴纳德很幸运地两者兼备了。此后再发现新的太阳系天体，就要归功于照相技术和空间时代更新颖的设备了。据国际天文学联合会公布的资料，截至2021年4月25日，已发现的木卫总数达到了79颗，其中57颗已正式命名。

南加利福尼亚大学想要拥有一架比利克望远镜更好的折射望远镜，遂向小克拉克订购一块口径102厘米的透镜。克拉克为此投入了2万美元，这所大学却无法筹齐所需的资金。幸好，天文学家海尔（George Ellery Hale）前来解围了。

海尔生于1868年6月29日，从小爱读文学名著和诗。那时他20多岁，是芝加哥大学天体物理学助理教授。他获悉金融家叶凯士（Charles Tyson Yerkes）用不甚正当的手段赚得了巨额钱财，便不禁思索：何不想法把这种不义之财弄来发展科学呢？于是，从1892年起，在海尔的不断游说下，叶凯士一点一点地把钱掏出了腰包。

海尔在芝加哥西北约130千米处选了一个地点，叶凯士天文台就建在那里。那块口径102厘米的透镜重达230千克，装在一架长逾18米的望远镜里。整个望远镜重达

● 图3-10 口径102厘米的叶凯士望远镜是折射望远镜的“世界冠军”。

18吨，但是平衡极佳，用很小的推力就可以让它转动到对准天空的任何部分。这架折射望远镜于1897年5月21日启用（图3-10）。直到今天，它和利克望远镜依然是折射望远镜的世界冠军和亚军。

折射望远镜达到了光辉的顶峰，但它的路也走到了尽头。首先，极难得到可供制造巨型透镜的完美无瑕的大块光学玻璃。其次，因为光线必须透过整块玻璃，所以透镜只能在边缘支承。巨型透镜很重，其中央部分得不到支撑就会往下凹陷，整块透镜就会变形。透镜的尺寸越大，问题就越严重。因此，就连海尔的奋斗目标也转向了反射望远镜。

第三章　20世纪的风采

海尔的杰作

1908年，海尔建成一架口径153厘米的玻璃镜面反射望远镜，安装在加利福尼亚州帕萨迪纳市附近的威尔逊山天文台上。天文台于1905年落成，海尔亲任台长。

在此之前，海尔已经说服一名洛杉矶商人胡克（J. D. Hooker），投资建造一架世界上最大的反射望远镜，其口径定为254厘米，即恰好100英寸。这架“胡克望远镜”全重90吨，于1917年11月启用。此后长达30年之久，它曾是世上的反射望远镜之王，为天文学做出了卓越贡献。

1923年，海尔因健康状况欠佳退休了。但他依然壮心不已，要在威尔逊山东南约145千米的帕洛马山上，再建一架口径达5.08米（200英寸）的反射望远镜。1929年，海尔从洛克菲勒基金会获得一笔款子，便着手干了起来。

人们为这项浩大的工程付出了巨大努力。在直径达5米的一大块玻璃中，即使微小的温度变化，也会因热胀冷缩而影响反射镜面的精度。为此，整块玻璃的背面浇铸成了蜂窝状，这使镜子内部的任何一处距离表面都不超过5厘米，温度变化将在整块玻璃中较为迅速地达到均衡。浇铸好的玻璃毛坯，在严格的温度控制下花了10个月的时间缓缓冷却。镜坯是纽约州的康宁玻璃厂生产的，它必须横越整个美国，运往加利福尼亚州的帕洛马山。为安全起见，火车走的是一条专线，昼行夜宿，时速从不超过40千米。长时间的研磨和抛光，总共用掉31吨磨料。最后成型时，反射镜本身重达

● 图3-11 帕洛马山天文台口径5.08米的海尔望远镜。

14.5吨，镜筒重140吨，整个望远镜的可动部分竟重达530吨！ 1948年6月3日，人们为这具硕大无朋的仪器举行了落成典礼（图3-11）。

可惜，海尔本人早在10年前已去世。后来，人们在帕洛马山天文台的门厅中塑了一座海尔半身像，铜牌上写着：

这架200英寸望远镜以乔治·埃勒里·海尔命名，他的远见卓识和亲自领导使之变成了现实。

1969年12月，威尔逊山和帕洛马山两座天文台重新命名，合称为“海尔天文台”，那架5.08米口径的反射望远镜通常就称为“5米海尔望远镜”，或简称“海尔望远镜”。

折反射另辟蹊径

天文望远镜的口径越大，收集到的光就越多，就能探测到越远越暗的天体。同时，一架望远镜的口径越大，分辨细节的本领也就越高。这对天文观测来说，同样至关重要。

不过，大也有大的难处。大型望远镜仅仅对它直接指向的那一小块天空，才能拍下极其清晰的照片。例如，用威尔逊山上那架口径2.54米的胡克望远镜，每次只能观测像满月那么大小的一块天空。海尔望远镜的视场甚至比这更小。如果这样一小块一小块地拼起来，想要覆盖整个天空，那就得拍摄好几十万次。因此，巨型望远镜很难担当“巡天”任务。

那么，“巡天”究竟是什么意思呢？

“巡天”，相当于对天体进行“户口普查”。人口普查之后，就可以根据不同性别、不同民族、不同年龄等，对“人”进行分门别类的统计研究。同样地，对天体进行“户口普查”之后，也可以根据不同的特征——不同亮度、不同距离、不同光谱类型等，对它们进行分门别类的统计研究。

要想在不太长的时间内完成一次天体的“户口普查”，望远镜的视场就不能太小，因而其口径就不能太大。另一方面，为了看清很暗的天体，望远镜的口径又必须足够大。这两者是矛盾的。那么，有没有可能造出一种口径既大、视场也大的天文望远镜呢？

20世纪20年代，德国光学家施密特（Bernhard Voldemar Schmidt）率先做了尝试。施密特生于1879年，早年就喜欢做实验。他在一次爆炸实验中失去了右手和右前臂，后来只能用一条胳膊来研磨透镜和反射镜。

施密特想出一种同时使用反射镜和透镜的方案，于1930年研制成功第一架“折反射望远镜”：用球面反射镜作为主镜，在它的球心处安放一块“改正透镜”。改正透镜的形状特殊，中间最厚，边缘较薄，最薄的地方则介于中间与边缘之间。其效果是在很大程度上改善了成像质量，使望远镜的有效视场增大了许多。这就是所谓的“施密特望远镜”（图3–12）。

● 图3–12 施密特望远镜光路图。

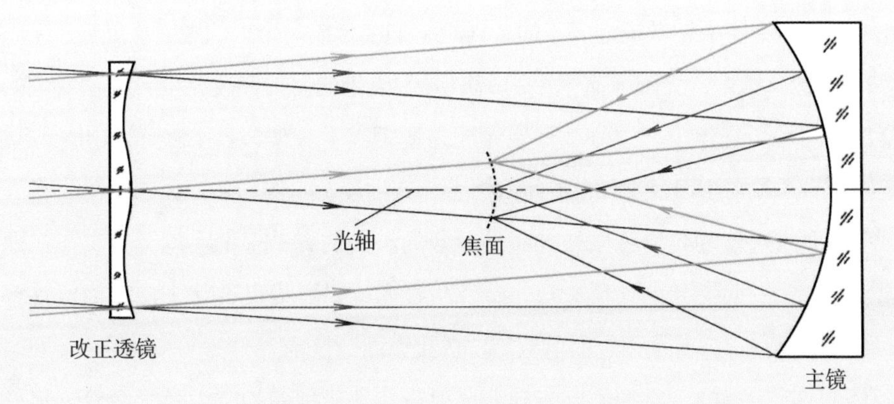

拥有宽阔的视场，使施密特望远镜在“巡天”工作中的重要作用无可替代。但是，它既然用了改正透镜，也就像折射望远镜那样不可能做得太大。那么，有没有可能用一块“改正反射镜”来取代替“改正透镜”呢？

研制“反射式施密特望远镜”，是20世纪90年代以来国际天文界共同关心的问题。只有做到这一点，才能将整个望远镜的口径和视场同时做得更大。在这方面，中国天文学家在国际上处于比较先进的地位。中国在21世纪前期研制成功的“大天区面积多目标光纤光谱天文望远镜”（英文缩写LAMOST，已冠名为“郭守敬望远镜”）就是一个良好的开端。本书第六篇“华夏天文谱新曲”还将对它做更详细的介绍。

一架大型施密特望远镜拍摄的单张照片上，所包含的星像可多达几十万个。一旦发现什么特别有意思的东西，就可以进而用更大的望远镜更精细地考察它们了。

但是，在5米海尔望远镜落成后的30年内，材料、设计、工艺、结构等多方面的重重困难，几乎使制造更大的反射望远镜成了镜花水月。例如，制造大块光学玻璃本身就是一大难题，而且它只要有极微小的形变，就会使星像变得模糊。苏联曾于1976年建成一架口径6米的反射望远镜，可惜其性能不尽如人意。

新思维和新技术

然而，天文望远镜的前景依然光明，关键在于设计思想的革命。既然做大镜子如此困难，那么能不能做成许多小的，再把它们结合成一个大的呢？

20世纪70年代，美国天文学家用6块口径1.8米的反射镜互相配合，使它们的光束聚集到同一个焦点上。这时，其聚光能力便相当于一架口径4.5米的反射望远镜，分辨细节的本领则与口径6米的望远镜相当。这种设备叫作“多镜面望远镜”。

多镜面望远镜的各块镜面彼此还是分开的。人们更希望把小镜子实实在在地拼接起来，成为一面完整的大反射镜。计算机技术的迅速发展，终于使这项极其精细的工作成了现实。这就是如今很前卫的“拼接镜面”技术。

大型望远镜指向天空的不同方向，反射镜各部分承受的重力随之而变，其形状就会发生微小的变化，致使成像质量降低。起初，人们把玻璃镜坯做得厚厚的，想使镜子自身更加“结实”，来抵御可能发生的形变。

其实，巨大的镜面是不可能绝对不变形的。人们想到，可以在镜子背面装上一排排传感器，凭借电子计算机的帮助，随时随刻测出镜面形状与理想状态的偏差；同时，计算机据此立即发出指令，让镜面背后不同部位的传感器分别施加相应的压力或拉力，把畸变的镜面形状随时纠正过来。这就是著名的“主动光学”技术。有了主动光学技术，玻璃镜坯就不用做得那么厚、那么笨重了。

20世纪80年代后期以来，人们开始借助这些新技术来建造更大的光学望远镜。例如，美国于1993年和1996年先后建成两架一模一样的10米口径反射望远镜，分别称为“凯克Ⅰ”和“凯克Ⅱ”[因经费主要源自企业家凯克（W. M. Keck）创建的公司而得名]。它们的主镜各由36块直径1.8米的正六角形反射镜拼接而成，镜子的厚度仅为区区10厘米。它们犹如一对双胞胎，屹立在夏威夷海拔4200米的莫纳克亚山顶上（图3-13）。

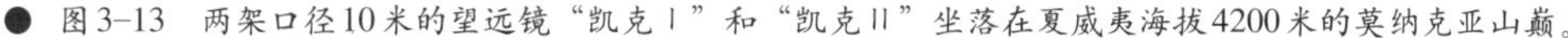
● 图3-13　两架口径10米的望远镜“凯克Ⅰ”和“凯克Ⅱ”坐落在夏威夷海拔4200米的莫纳克亚山巅。

凯克望远镜的口径，目前位居世界第二。名列榜首者是2009年启用的口径10.4米的西班牙“加那利大望远镜”（简称GTC），坐落在大西洋中加那利群岛的拉帕尔马岛上。其主镜由36块各重450千克的子镜拼接而成，而镜子的厚度不超过8厘米。2016年9月，中国科学院国家天文台与西班牙加纳利大望远镜在马德里签署了双边合作协议。

20世纪80年代以来，与主动光学一起渐趋成熟的“自适应光学”，是当代巨型望远镜的又一项关键技术。地球大气湍流会造成天体图像畸变——星像抖动，自适应光学系统则能迅速测定这种畸变的细节；在自适应光学系统中安装了一个改正镜，计算机会根据实测的畸变信息随时调整改正镜的形状，使镜面的精确变形恰好抵消大气引起的星像抖动。自适应光学的应用，极大地削弱了大气湍流对地面光学望远镜的影响，从根本上提高了望远镜的成像质量。

一些西欧国家联建的欧洲南方天文台，走了另一条路。它的“甚大望远镜”（简称VLT）由4架相同的反射望远镜组成，每一架的口径都是8.2米，它们可以分头独立使用，也可以联合起来工作——这时其聚光能力与一架口径16米的反射望远镜相当。很值得一提的是，VLT每一台望远镜的主镜，都是单块的薄镜子，磨制成型后重22吨，是人类磨制过的最大镜片。它从侧面看呈新月形，宛如一个巨大蛋壳的一小片。其直径8.2米，厚度却仅为18厘米，实为当代薄镜面的典范。当然，VLT也出色地应用了主动光学和自适应光学技术。

望远镜的巨无霸

目前世界上口径8～10米级的望远镜已为数不少，它们为进一步研制口径30～50米的望远镜积累了经验。

例如，以美国和加拿大为主多国合作研制的“三十米望远镜”（简称TMT），主镜口径为30米，由492块1.4米的子镜拼接而成，拟建在夏威夷的莫纳克亚山上。孰料在2015年4月，夏威夷原住民却展开了激烈反对该项目的活动。反对者认为莫纳克亚山是他们的圣山，建设望远镜是对圣山的亵渎，而且会污染山顶。同年12月，

● 图3–14　欧洲超大望远镜（画面左侧）、欧洲甚大望远镜（画面中间，由4架口径8.2米反射望远镜组成）与古罗马斗兽场（画面右侧）的尺度比较（来源：http：//www.eso.org/public/images/）。

美国夏威夷州最高法院宣布撤销原先于2011年颁发的望远镜建造许可，其判决依据是：这项许可颁发过早，未能给抗议者们足够的机会表达诉求。直到2017年9月28日，夏威夷州土地和自然资源理事会才授予TMT新的施工许可。于是计划复活，预期21世纪20年代中后期竣工。

再如，欧洲南方天文台正在研制的“欧洲超大望远镜”（简称ELT，图3–14），口径39.3米，镜面由798块直径1.4米的六角形子镜拼接而成，总的集光面积为978平方米。此镜期望2024年“开光”，届时它将成为世上最大的光学红外望远镜，坐落在智利海拔3046米的阿马索内斯山（Cerro Armazones）上。望远镜的圆形穹顶直径达100米，尺度堪比整个古罗马斗兽场。

第四章　天文望远镜上了天

大气的“窗口”

人眼能够看见的光，称为可见光。古人从未想到，除了可见光，竟然还有眼睛看不见的光！

此类东西的最初迹象，是威廉·赫歇尔发现的。1800年，他利用温度计研究太阳光谱中不同颜色光的热效应。令他吃惊的是，当他把温度计置于太阳光谱红端的外侧时，热效应竟比光谱的其他部位更显著。原来，这里存在着某种比红光折射得更少的光线。它们被称为“红外辐射”，俗称“红外线”。

光照能使白色的氯化银析出金属银而变黑，这是照相术的基础。德国物理学家里特尔（Johann Wilhelm Ritter）发现，紫光使氯化银分解远比红光更高效。他在1801年发现，把氯化银置于光谱紫端的外侧时，竟然比紫光照射分解得更快！存在于光谱紫端外侧的这种“紫外辐射”，俗称“紫外线”。

苏格兰数学家和物理学家麦克斯韦于19世纪中期建立的电磁场理论，大幅提升了人类对光的认识。他证明，电和磁这两种现象乃是“电磁场”这同一种事物的不同表现。电磁场发生周期性的变化会产生电磁辐射，或称“电磁波”。电磁波的波长可以从比紫外线更短直到比红外线更长。在极其宽阔的“电磁波谱”中，可见光只占了极小的一部分。

麦克斯韦死于癌症时还不满50岁。去世不到10年，他的电磁场理论就得到了有力的实验支持：1888年，德国物理学家赫兹（Heinrich Rudolph Hertz）已经能够产生和探测波长远超红外线的“无线电波”了。

1895年，德国物理学家伦琴（Wilhelm Conrad Roentgen）发现了一种前所未知的射线，故称其为“X射线”。他为妻子拍摄了第一张人手X射线照片。日后证实，X射线乃是波长远小于紫外线的电磁辐射。1901年，伦琴因发现X射线成为首位诺贝尔物理学奖得主。

巴伐利亚国王有意册封伦琴为贵族，但伦琴不需要这种称号。他也不想靠X射线赢得金钱，甚至不想取得这项重要发明的专利。后来，美国大发明家爱迪生（Thomas Alva Edison）发明了X射线荧光屏，为了不致愧对伦琴，爱迪生也拒绝了申请荧光屏的专利。1923年，78岁的伦琴在穷困潦倒中去世。

继伦琴发现X射线之后，法国物理学家贝克勒尔（Antoine Henri Becquerel）于1896年发现了金属铀原子的放射性现象。后来人们查明，有一部分放射性辐射乃是波长比X射线更短的电磁波，即所谓的“γ射线”。

可见光的波长要以纳米为单位来度量，一纳米就是十亿分之一米。光谱极紫端的波长略小于400纳米，极红端的波长则逾700纳米。如果与声乐中的音高相类比，那么可以说它们几乎相差一个八度。

整个电磁波谱，从波长最短的γ射线开始，经过X射线、紫外线、可见光、红外线，直到无线电波，波长跨越了好几十个八度，而全部可见光只占其中的一个八度而已。

地球大气会吸收、反射和散射来自天体的电磁辐射，致使其中大部分波段的辐射无法到达地面。能够穿透大气层的波段范围，常被形象化地称为“大气窗口”（图3-15）。这种“窗口”主要有三个：第一个是“光学窗口”，即可见光和一小部分近紫外辐射；第二个是“红外窗口”，它实际上又由互相隔开的许多“小窗口”构成；第三个是“射电窗口”。在天文学中，来自天体的无线电波称为“射电波”。射电波段的波长范围通常指约1毫米到约30米，其中波长约1毫米到约50厘米的那一部分常称为“微波”。地球大气对波长约4毫米到约30米的射电波段几乎完全透明。

光学望远镜只能接收可见光，仅靠它来研究天体的状况，势必会有片面性。20世纪30年代射电天文学的诞生，使人类第一次摆脱了这一窘境。

1931年至1932年，美国贝尔电话实验室的无线电工程师央斯基（Karl Guthe

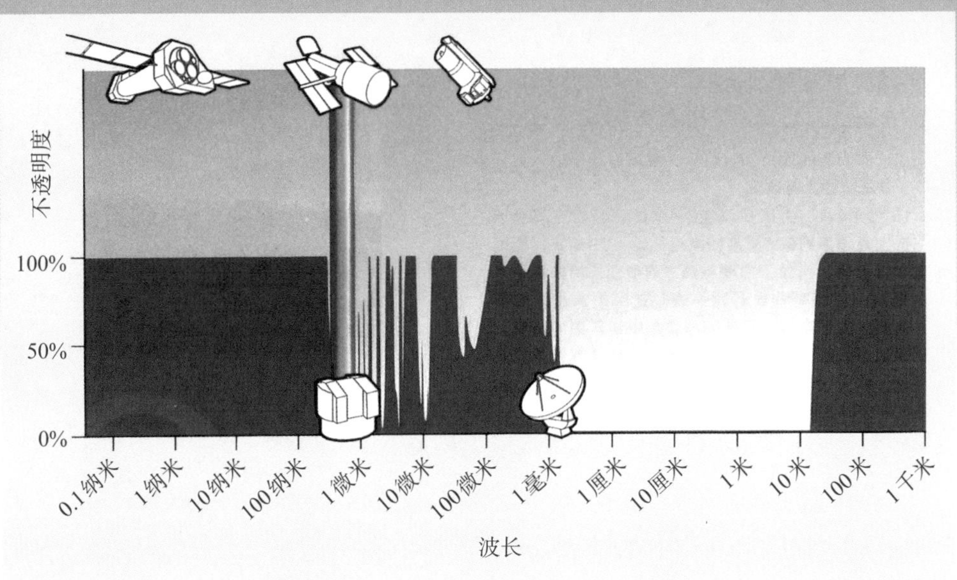

● 图3–15 电磁波谱和大气窗口。

Jansky）在研究短波无线电长途通信所受的干扰时，偶然发现了来自银河系中心方向的无线电波。人们通常将此作为射电天文学诞生的标志。至于射电天文学的详情，留待第五篇“太空电波话今昔”再做详细介绍。

在红外窗口，美国加州理工学院的几位天文学家于1965年发现了4年前美籍华裔天文学家黄授书预言存在的红外星，这是红外天文学的重要里程碑。黄授书生于1915年，1947年赴美，是一位颇有国际声望的学者。1977年，他来华讲学，乡音依旧，其严谨而诙谐的演讲风格甚获好评。孰料几天之后，他就因心脏病突发而卒于北京。

为了接收大气窗口以外的天体辐射，必须将观测仪器送到地球大气层外，或者至少送到大气很稀薄的高空。20世纪中叶，空间时代的到来为天文望远镜上天提供了前所未有的机遇。

太空中的火眼金睛

几千年来，天文观测经历了三次革命性的飞跃。第一次飞跃是从肉眼观星到利用光学天文望远镜观测天体，它以17世纪初伽利略发明天文望远镜为标志。第二次飞跃是从只能观测可见光进入到接收天体的射电波，它以20世纪30年代射电望远镜的诞生为标志。第三次飞跃是从地面观测上升到空间观测，它以20世纪中叶以来各种空间望远镜上天为主要标志。

例如，1978年发射上天的“国际紫外探测器”（简称IUE），是第一个国际性的空间天文台，由美国、英国和欧洲空间局三方运营。其口径虽然只有45厘米，却标志着紫外天文学已趋成熟，并日渐取得可观的成果。

又如，1962年6月，美国意大利裔天文学家里卡尔多·贾科尼（Riccardo Giacconi）等利用火箭携带的仪器，探测来自太空的X射线。火箭在地球大气层外仅逗留了短短5分多钟，却发现了一个位于天蝎座中的强X射线源——后称为“天蝎座X-1”。人们通常认为，这标志着X射线天文学正式开端。1970年12月12日，美国在肯尼亚成功发射了第一颗X射线天文卫星。那天适逢肯尼亚独立7周年纪念日，这颗卫星遂被命名为“乌呼鲁”——斯瓦希里语“自由”之意。

图3-16是美国于1999年7月送上空间轨道的“钱德拉X射线天文台”（简称CXO），以印度裔美国天体物理家钱德拉塞卡（Subrahmanyan Chandrasekhar）的昵称——钱德拉冠名。其椭圆轨道近地点16 000千米、远地点133 000千米。CXO的主体是口径1.2米的掠射X射线望远镜，对0.1 ～ 10纳米的波长灵敏，空间分辨率高达0.5″。钱德拉X射线天文台的谱分辨率很高，标志着X射线天文学从测光进入了测谱时代。这是X射线天文学史上的重要里程碑。

● 图3-16 钱德拉X射线天文台（CXO）：发射前安装调试（上）；遨游太空艺术构想图（下）（来源：NASA）。

波长介于0.01纳米到0.001纳米之间的电磁辐射，有时被视为高能量的X射线，有时又被看作低能量的γ射线。波长更短因而能量更高的电磁辐射，就完全属于γ射线了。

γ射线天文学于20世纪60年代初起步，差不多也在那时，美国和苏联签订了禁止地面核试验条约。从1963年10月到1970年4月，美国先后发射了12颗用于监测大气层和外层空间核试验的“维拉号”（Vela）军事卫星。监视的方法，就是探测由核试验产生的γ射线暴，即γ射线的流量在短时间内急剧变化的现象。1967年7月，“维拉3号”和“维拉4号”果然发现了第一个γ射线暴，美国军方顿时紧张起来。虽然最终查明它并非来自地面核试验，而是来自某个天体，但因涉及军事机密，故未记载在科学文献中。1970年4月，“维拉11号”和“维拉12号”卫星又多次记录到γ射线暴，每个暴的持续时间通常都短于1分钟。直到1973年，两位美国科学家分析已记录在案的16个γ射线暴的资料，推算它们在天空中的位置，排除了起源于地球和太阳的可能性，才向世人公布了他们的研究结果。

新发现的γ射线暴逐渐增多，人们面临的一个重要问题是：γ射线暴究竟源于何处，是远在银河系以外，还是就在太阳系近旁？这个问题争论了很久，直到21世纪初，人们才根据数以千计的γ射线暴随机地出现在天空的各个方向上这一事实，基本上断定γ射线暴很可能源自银河系外。有一些γ射线暴的特征非常惊人。例如1997年12月14日探测到一次γ射线暴，距离地球远达120亿光年，释放的能量比超新星爆发还大几百倍，有人称它为“超超新星”。它在50秒内释放的γ射线能量，就相当于整个银河系200年的总辐射能量。1999年1月23日的那次γ射线暴，所释放的能量更是达到了1997年那次的10倍。γ射线暴是20世纪最激动人心的天文发现之一，至今依然处于高能天体物理学研究的前沿。

图3-17是美国、德国、法国、意大利、日本、瑞典等国联合运营的“费米γ射线空间望远镜”（简称FGST），以高能物理的先驱者、著名的意大利科学家费米（Enrico Fermi）冠名。它重750千克，探测能段为20 MeV（$1\ \mathrm{MeV}=10^{6}\ \mathrm{eV}=1.602\times10^{-13}\ \mathrm{J}$）～300 Gev（$1\ \mathrm{GeV}=10^{9}\ \mathrm{eV}=1.602\times10^{-10}\ \mathrm{J}$），于2008年6月发射到高度约550千米的轨道上，约95分钟绕地球运行一周。费米γ射线空间望远镜是目前最高端光

● 图3–17　在厂房中组装的费米γ射线空间望远镜（来源：NASA）。

子能量的探测设备，其最重要的科学目标就是发现和探究γ射线暴，此外还有研究巨型黑洞附近的喷流、探索宇宙加速膨胀的机制等。这架望远镜原计划工作5～10年，实际上至今仍在正常运行。

有了这些太空中的火眼金睛，20世纪后期，人类跨入了在电磁波的所有波段开展天文学研究的“全波段天文学”时代。从此，人们对许多天文现象的认识，摆脱了仅凭可见光观测的有如瞎子摸象的片面性。

其实，即使对于可见光，将望远镜送入太空同样意义非凡。在地球表面，由于大气折射、散射和抖动的影响，望远镜所成的星像会变得模糊不清。在地球大气层之外，望远镜观测天体的分辨率将会高得多。高分辨率观测，乃是揭开诸多悬而未决的宇宙之谜的关键。

1990年4月24日，美国用“发现号”航天飞机将总重量为11.6吨的哈勃空间望远镜（简称HST）送入高度约600千米的太空轨道。它是一架口径2.4米的光学望远镜，以杰出的美国天文学家哈勃的名字命名。

哈勃1889年11月20日出生于一个律师家庭，就读于芝加哥大学天文系。1914年前往叶凯士天文台，任台长弗罗斯特（Edwin Brant Frost）的助手和研究生，1917年获博士学位。1919年10月，哈勃到威尔逊山天文台工作，适逢口径2.54米的胡克望远镜启用未久。他用这架望远镜先后取得几项重大成就：阐明旋涡星云的本质，确立星系的分类体系，建立表明整个宇宙正在膨胀的哈勃定律。为此，人们尊崇他为“星系天文学之父”和“观测宇宙学奠基者”。1953年9月28日，哈勃因脑血栓突然去世。人们遵其遗愿：没有葬礼，没有追悼会，没有坟墓，铜骨灰匣埋葬在某个秘密的地方。

● 图3-18 1993年12月美国宇航员乘坐“奋进号”航天飞机进入太空，对哈勃空间望远镜进行首次维修（来源：HST）。

研制哈勃空间望远镜耗资20多亿美元，不料望远镜上天观测时意外发现聚焦不良。1993年12月，美国国家航空航天局用“奋进”号航天飞机将宇航员送入太空，为这架望远镜进行首次太空检修（图3-18）。他们给它装了一个矫正透镜——犹如给人戴上一副眼镜，使得拍摄的天体照片质量极佳。一位相关主管人士说，它“修得比我们最大胆的梦想还要好”。

将近30年来，哈勃空间望远镜为当代天文学做出了巨大贡献。而今它的“接班人”已经确定：美国、加拿大与欧洲空间局将合作发射一架新一代的空间望远镜，它以美国国家航空航天局第二任局长詹姆斯·韦布（James Webb）的姓氏冠名，称为“詹姆斯·韦布空间望远镜”（简称JWST，图3-19）。韦布在任时，曾领导实施了阿波罗计划等一系列非常重要的空间探测项目。

韦布空间望远镜比哈勃空间望远镜更先进而廉价。它的口径是6.5米，灵

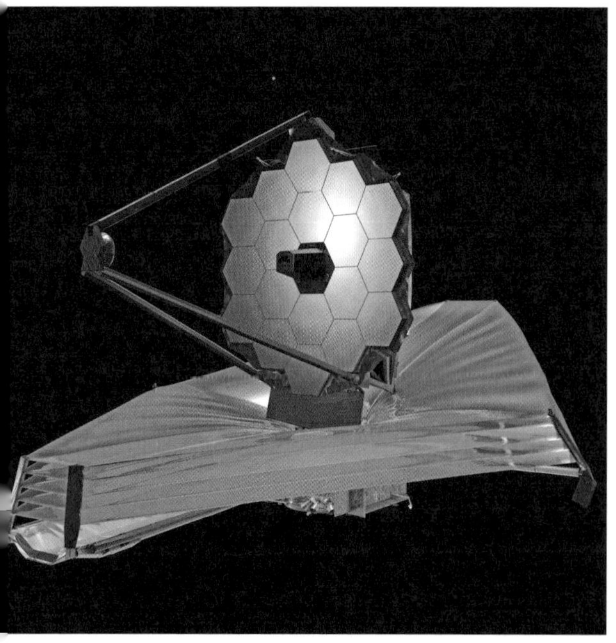

● 图3-19 詹姆斯·韦布空间望远镜艺术形象图（来源：NASA）。

敏度将为哈勃空间望远镜的7倍，主要将在红外波段工作，通常被认为是一架空间红外望远镜。它带有一个巨型遮阳篷，可保证光学仪器和低温设备永远处于阴影中。至于它究竟会给人类带来怎样的新惊喜，且让我们拭目以待吧。

月球上的新“家”

空间望远镜造价高昂，而且有许多技术问题尚待进一步解决。那么，能不能为天文望远镜找一个比地面和空间都更好的基地呢？能！天文望远镜的这个新“家”，就是我们的月球！

以月球为基地的望远镜，称为“月基望远镜”，它有很多好处——

月球表面处于超真空状态，那里没有大气的干扰。

月球也像地球一样，是一个巨大、稳定、坚固的“平台”，因而可以使用在地球上采用的方式，解决月基望远镜的安装、指向和跟踪等问题。这要比处于太空失重环境下的空间望远镜简单得多，造价也便宜得多。

月球表面的重力仅为地球表面重力的1/6，而且月球上绝对无风，因此在月球上建造巨型望远镜及其观测室，都要比在地球上更方便。

月球上的“月震”活动，强度仅为地球上地震活动的一亿分之一，那里十分平静而安全。

地球每24小时自转一周，造成天体的东升西落，因此很难长时间地连续跟踪观测同一个天体。月球大约每27天才自转一周，在月球上跟踪被观测目标可以长达300多个小时。

地球上最大的固定式射电望远镜，是中国的500米口径球面射电望远镜（即FAST，详见第六篇“华夏天文谱新曲”），天然的地形正好成为支撑它那巨大身躯的依托。月球上有为数极多、大小各异的环形山，它们都很接近圆形，兼之那里全无风化作用，因而十分适宜安装口径大到几千米的巨型射电望远镜……

21世纪是月基天文台从畅想变成现实的时代。到那时，也许你的孩子就是第一批月基望远镜的使用者：预祝他（她）观测成功！

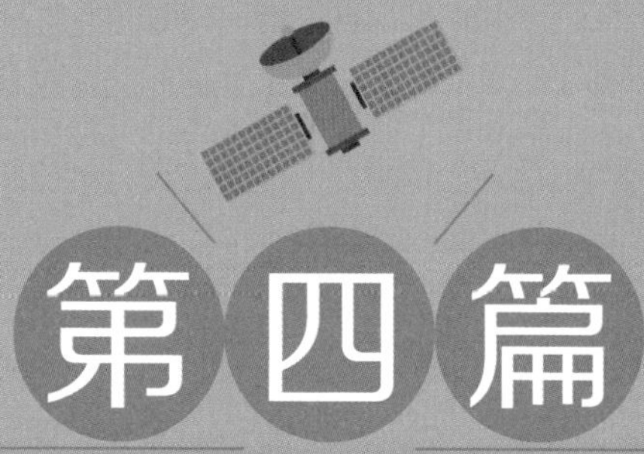

第四篇

太阳系的诗与远方

天文望远镜问世以后，人类所知的太阳王国疆界，一而再再而三地向外扩展。这是近代科学的伟大胜利，处处充满着诗意。

第一章 天王星的震撼

“乔治星”的故事

1781年3月13日夜间，威廉·赫歇尔在巡天观测时，发现金牛座中有一颗6等星不是呈现为明锐的光点，而是有一个很小的圆面。他一连跟踪观测了4夜，断定此星的位置相对于周围恒星已稍有变化。4月26日，他应邀在英国皇家学会宣读关于发现新天体的论文。

赫歇尔以为这是一颗尚未长出尾巴的彗星。但是，皇家天文学家马斯基林（Nevil Maskelyne）、俄国的莱克塞尔（Andres Johan Lexell）和法国的拉普拉斯（Pierre-Simon Laplace）等几位大师，不约而同地计算出该天体的轨道，并确认它是位于土星以外的一颗新行星。12月，皇家学会以全票选举赫歇尔为皇家学会会员。

事实上，这颗星的亮度足可让肉眼勉强看见。在威廉·赫歇尔之前，它至少已被天文学家观测到17次，并记录在案，但每次都被误认为恒星而错过了。是赫歇尔首先看清它有一个小小的圆面，并弄清了它的本质，因此他应该享有新行星发现者的殊荣（图4–01）。

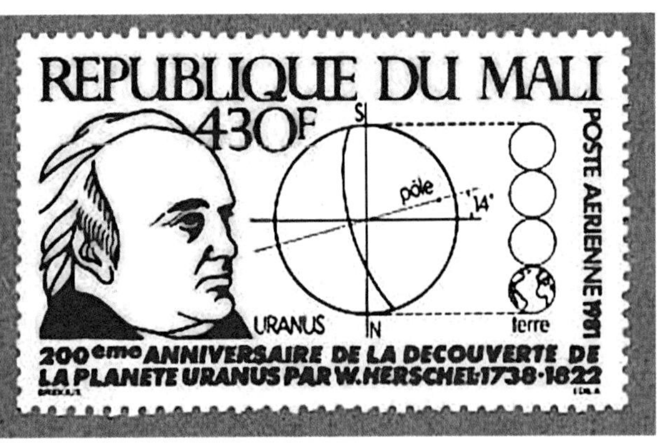

● 图4–01 1981年天王星发现200周年，许多国家发行了纪念邮票。马里共和国这张邮票上有发现者赫歇尔的肖像，还画出了天王星自转轴的倾斜以及它的直径与地球直径之比。

赫歇尔建议将新行星命名为“乔治星”，以表达对国王乔治三世的尊敬。英国天文学家提议称它为“赫歇尔”，以示对发现者的敬意。但是更多的天文学家希望遵循用神话人物命名天体的传统，遂采纳德国天文学家波得（Johann Elert Bode）的建议，用天神优拉纳斯（Uranus）的名字来命名它，汉语中定名为天王星。

赫歇尔破天荒发现了一颗比土星还要远一倍的新行星，在社会公众中激起了巨大的热情。1816年，英国著名的浪漫主义诗人济慈（John Keats）写出了被视为英国诗歌精品的十四行诗《初读查普曼译荷马》：

…………

有人时常告诉我眉额深邃的荷马

以广阔的太空作为他统治的领地，

可是直到我听查普曼大声地说出，

我从未体味到它的纯洁与明净；

于是我感到宛如一个瞭望天空的人，

正看见一颗新的行星映入他的眼帘；

…………

诗中用赫歇尔发现天王星来表达初读查普曼译作时极端惊喜的心情，堪称妙不可言。正巧，赫歇尔就在济慈写该诗的那年被授予爵位。1821年2月23日济慈去世，享年不足26岁。赫歇尔比济慈晚一年去世。他活了84年，这恰好等于天王星的公转周期。

天卫引起的风波

1787年，威廉·赫歇尔发现了天王星的两颗卫星。很久以后，他的儿子约翰·赫歇尔为它们取名泰坦尼亚（Titania）和奥白龙（Oberon）——莎士比亚名剧《仲夏夜之梦》中仙后和仙王的名字。后来，这两颗卫星被排行为天卫三和天卫四。

1851年10月24日，英国天文学家拉塞尔（William Lassell）开始用一架口径60厘米

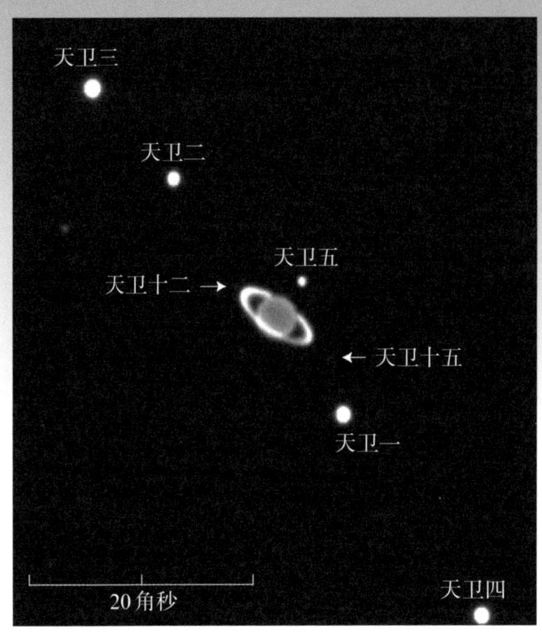

● 图4–02 天王星和它的几颗卫星。

的反射望远镜搜索天王星的卫星，当晚就抓到两名“嫌犯”。11月3日，他确定它们真的是新的天卫，并成功地定出了它们的公转周期。后来，它们被排行为天卫一和天卫二。

威廉·赫歇尔生前宣称曾用一架口径47厘米的反射望远镜发现了这两颗卫星。约翰·赫歇尔也坚持说天卫一和天卫二是他父亲发现的。拉塞尔于1865年反驳道：“天卫一离天王星的最大角距仅13″，天卫二仅18″，因此威廉·赫歇尔的望远镜是观测不到的。”

争论持续了很久，直到1949年，人们尚未最终认可拉塞尔的发现权。为此，一位对天卫运动深有研究的天文学家指出：“决定性地最早明确了天卫一和天卫二存在的是拉塞尔；从而在拉塞尔之前无论有多少观测，在确定发现者时均无关注的价值。”

人们记得，最早观测到天王星的其实是英国皇家格林尼治天文台的首任台长弗拉姆斯蒂德（John Flamsteed），最早确定其运动轨道的是莱克塞尔，但大家都认为这颗行星的发现者是威廉·赫歇尔。可见，确定新天体的发现权不是简单的事情。

今天，人们公认前5颗天卫（图4–02）的情况，它们的发现日期和发现者是：

卫　星	直径（千米）	与天王星距离（千米）	发现时间	发现者
天卫一	1160	191 000	1851年10月24日	拉塞尔
天卫二	1170	266 000	1851年10月24日	拉塞尔
天卫三	1520	436 000	1787年1月11日	赫歇尔
天卫四	1580	583 000	1787年1月11日	赫歇尔
天卫五	480	130 000	1949年2月16日	柯伊伯

天卫五以莎士比亚喜剧《暴风雨》中的人物米兰达（Miranda）命名，她是米兰的合法公爵普洛斯帕罗的女儿。在后文介绍“柯伊伯带天体”时，还会再次谈到这颗卫星的发现者柯伊伯（Gerard Peter Kuiper）。

又一颗带环的行星

天王星周围的趣闻层出不穷。1977年3月10日，天文学家们观测了天王星掩食一颗名叫SAO158687的恒星，这是间接地研究天王星大气的良好时机。要是天王星没有大气的话，那么当它从被掩恒星前方经过时，被掩恒星的星光就会陡然被天王星遮挡。但是，实际上天王星是有大气的，在天王星本体切实遮掩这颗恒星以前，它的大气已经在渐渐遮掩此星，因而星光应该逐渐减弱。另外，在天王星本体从这颗恒星前方经过之后，被掩恒星重新开始露头之际，天王星的大气还会遮挡该星的部分星光，因此还要再过一段时间，被掩恒星的光辉才会复原如初。根据被掩恒星星光变化的规律，可以反过来推测天王星大气的具体情况。

出乎意料的是：在天王星本体掩星之前几十分钟，人们就观测到一些始料未及的“次掩”；在天王星本体掩星之后几十分钟，又发生了另一些与此雷同的“次掩”。它们显然不是天王星大气造成的。精细的分析表明，造成这些“次掩”的乃是环绕着天王星的一组环（图4–03）！

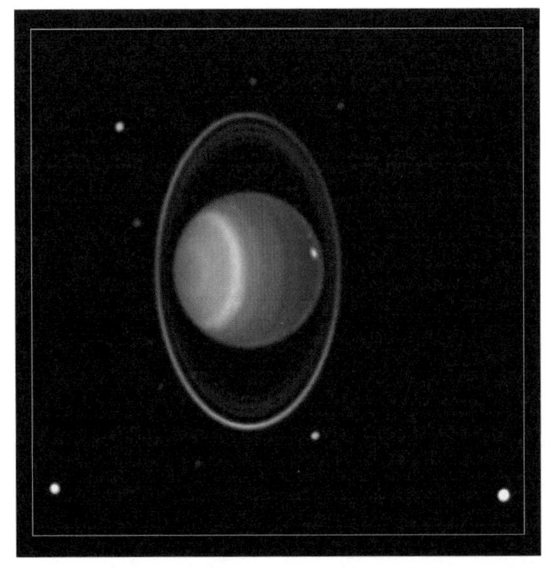

图4–03 在天王星周围，环绕着一组细细的环带。

天王星环远不如土星环那么宽阔、明亮，因此天文学家宁愿把它们叫作“环带”，而不称“光环”。1986年，“旅行者2号”宇宙飞船飞临天王星，拍摄了它的环带照片，并且又发现了10颗小小的新天卫，其中最大的天卫十五——它以《仲夏夜之梦》中的“好人罗宾”蒲克（Puck）命名，直径才150千米。1997年，再度出乎人们意料，美国天文学家竟然用年已半百的海尔望远镜又发现了2颗小天卫，它们是地面望远镜所曾发现的最暗弱的卫星。据国际天文学联合会公布的资料，截至2021年4月21日，已发现的天卫总数为27颗，均已正式命名。

第二章 小行星的趣味

"丢失"的行星

用天文单位来度量那些古人已知的行星到太阳的距离，结果如下表：

行　星	到太阳的距离（天文单位）
水星	0.387
金星	0.732
地球	1.000
火星	1.520
（?）	（?）
木星	5.20
土星	9.54

表中的这个问号，正是本章谈论的主题。

1766年，德国科学家约翰·丹尼尔·提丢斯（Johann Daniel Titius）发现，如果写下这样一串数字：3，6，12，24，48，96，其中每个数字都是前一个数字的两倍；在这串数字的最前面添上一个0，再将每个数字都加上4，然后各除以10，最后就得到：

0.4，0.7，1.0，1.6，2.8，5.2，10.0

把它们与上述行星到太阳的距离比较一下，马上可以发现，两组数字非常接近。提丢斯本人没有宣扬自己的发现，1772年25岁的德国天文学家波得重新介绍了这一规律，方始引起人们的重视。后来，大家就称它为“提丢斯—波得定则”。波得从1786年到1825年担任柏林天文台台长，并先后当选多个国家的科学院院士或皇家天文学会会员。

赫歇尔发现天王星之后，可以利用提丢斯—波得定则估算它与太阳的距离：在开始那串数字的最后再添一个192，它等于96的两倍；然后将它加上4，除以10，最后得到19.6，这与天王星到太阳的真实距离19.2天文单位几乎相同！

提丢斯—波得定则的“灵验”使许多天文学家相信，上面表中打问号的地方必定还有一颗尚未发现的行星，它到太阳的距离应该是2.8天文单位。波得为此促成一群德国天文学家联合执勤——人称“天空巡警”，以便缉拿这颗“在逃”行星归案。正当他们积极准备的时候，消息传来：意大利天文学家皮亚齐（Giuseppe Piazzi）已经捷足先登（图4–04）。

皮亚齐生于1746年，他为了在西西里岛上的巴勒莫市筹建一座天文台而到法国和英国考察。在拜访威廉·赫歇尔时，不慎从那架大型反射望远镜的梯子上摔下来，跌断了一条胳膊。

1801年元旦之夜，皮亚齐在巴勒莫天文台观测恒星。金牛座中一颗从未见过的星引起了他的注意。第二天，这颗星已经逆行了4角分。经过1月12日的“留”，它又变为顺行。其运动比火星慢得多，又比木星快得多，因此它很可能位于火星和木星之间。

● 图4–04 这台仪器称为巴勒莫环，其透镜口径75毫米，皮亚齐用它发现了谷神星。

到了2月11日，这颗星在天空中已经很靠近太阳，无法再观测了。在这42天间，它绕着太阳转了9°。这时24岁的德国数学家高斯（Johann Karl Friedrich Gauss）正好创立了一种方法，根据很有限的观测资料推算出此星的轨道：公转周期4.6年，到太阳的距离2.77天文单位，与提丢斯—波得定则的计算结果2.8天文单位恰好相符。

这是一颗新的行星，但它的个头太小，直径还不足1000千米——不及北京与上海两地的直线距离，故称为“小行星”。根据皮亚齐的提议，它以古罗马神话中的女性谷神“塞雷斯”（Ceres）——她又是西西里岛的保护神——命名，汉语中定名为“谷神星”。

谷神星给天文学家带来了喜悦，但是下一年，又一颗小行星的发现却造成了人们的困惑。

德国天文学家奥伯斯（Heinrich Wilhelm Matthäus Olbers）原是一名内科医生，他把寓所顶层变成了一座天文台，在观测中度过一个又一个夜晚。高斯计算出谷神星的轨道后，奥伯斯在天空中重新找到了它。1802年3月28日，他发现了第2号小行星“智神星”（Pallas），其公转轨道与谷神星非常相似。1804年9月1日，另一位德国天文学家哈丁（Karl Ludwig Harding）发现了第3号小行星“婚神星”（Juno），它距离太阳比谷神星和智神星稍近一些：2.67天文单位。1807年3月29日，奥伯斯又发现了第4号小行星“灶神星”（Vesta）。

第5号小行星姗姗来迟，它是德国一位名叫亨克（Karl Ludwig Hencke）的邮政局长搜寻了整整15年才发现的。后来亨克称它为“义神星”（Astraea）。两年后，他又发现了第6号小行星“韶神星”（Hebe）。

小行星世界一瞥

以后的发现越来越多了，1868年确定的小行星已达100颗，1890年达到了300颗。

1891年12月20日，德国海德堡天文台的马克西米利安·沃尔夫（Maximilian Franz Joseph Cornelius Wolf）用照相方法发现了一颗新的小行星——第323号“布鲁西亚”(Brucia)。让大视场望远镜准确地跟踪恒星，以足够长的曝光时间拍摄一大片天空，这时恒星的像呈现为一个个明锐的光点，小行星却因自身相对于恒星背景的移动而呈现为一段短线。因此，自1892年以来，就不再有天文学家用肉眼寻找小行星了。沃尔夫一人就发现了231颗新的小行星。后来，有两颗小行星以他命名：第827号“沃尔夫安娜”和第1217号“马克西莲娜”。

也许您会觉得奇怪：这些小行星的名字何以如此女性化？最初命名小行星时确实都是用女神的名字。如果用到其他名字，也要先将其女性化。后来，逐渐有人用男性名字来称呼那些特殊的小行星。再后来，大家对于小行星的“性别”就不很在意了。例如，第998号小行星被命名为“波得”，1000号小行星被命名为“皮亚齐”，1001号为“高斯”，1002号为“奥伯斯”。后来，第1998号小行星被命名为“提丢斯”，与“波得”正好相差1000号。当然，这是故意安排的。

若以太阳为圆心，以2.1和3.5天文单位为半径各画一个圆，如此就构成一个圆环，绝大多数小行星的轨道半长径都在此范围内。这个环称为小行星的“主带”（图4–05）。

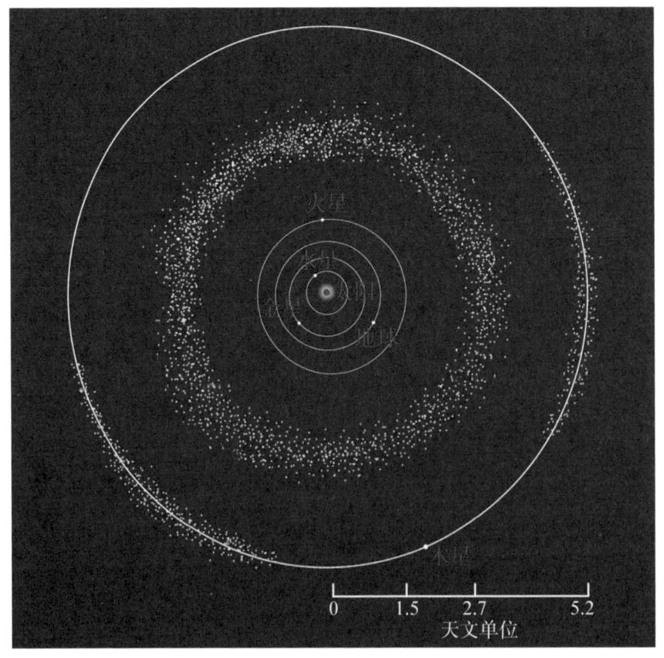

图4–05 多数小行星位于距离太阳2.1～3.5天文单位的一个环状区域内，这一区域称为小行星的“主带”。

在所有的小行星中，智神星的大小仅次于谷神星，直径500余千米。但是，这么大的小行星为数极少。例如，1949年发现的1566号小行星“伊卡鲁斯”（Icarus），直径仅约1500米，相当于一座不大的山。伊卡鲁斯原是希腊神话中的一个孩子，与父亲代达勒斯（Daedalus）一起被囚禁于克里特岛的迷宫中。代达勒斯是一位旷世鲜有的巧匠，他用鹰羽、蜜蜡和麻线制成两对强有力的翅膀，大的那对给自己用，小的装在伊卡鲁斯肩上。他们就这样高飞远走，逃出了迷宫。不料，获得自由的伊卡鲁斯太高兴了，他飞得太高了，灼热的太阳光熔化了他双翼上的蜜蜡。失去翅膀的伊卡鲁斯坠入大海，后来那块水域就称作伊卡鲁斯海。这颗小行星命名为伊卡鲁斯，正是由于在当时所知的全部小行星中，它能够跑到离太阳最近的地方。

起名字有学问

“迷你”行星太多啦，必须加强管理。任何人发现疑似新小行星的天体，都应该先通报国际天文学联合会的小行星中心，这时新天体将获得一个临时编号：由观测年份加上两个大写英文字母，第一个字母（从A依次到Y，除去I不用）表示它是在哪半个月发现的，第二个字母（从A到Z，除去I不用）表示它是这半个月中的第几宗发现。例如，1965YN表示1965年12月下半月中发现的第13颗小行星。某半个月中的第25宗发现用Z标记，接着可以再循环使用字母A、B、C……即第26宗发现记为A1，第27宗记为B1，直到第50宗记为Z1；再往下，第51宗发现记为A2，第52宗记为B2……第75宗为Z2；如此等等。于是，1995SA10就代表1995年9月下半月中的第251个发现。

然后，必须计算出这颗小行星的轨道，并切实观测到它的另外两次回归——两次冲日，这时才能正式编号，发现者才能正式为它取名。例如，经过20年的努力，终于确认上述1965YN就是1955DA和1975SD，于是国际天文学联合会小行星中心给它正式编号2197，紫金山天文台作为发现者将其命名为“上海”。

中国天文学家发现的第一颗小行星，是张钰哲先生早年留学美国期间于1928年

● 图4-06 82岁时的张钰哲先生（来源：紫金山天文台《张钰哲先生百年诞辰纪念文集》）。

在叶凯士天文台取得的成果。他把这颗1125号小行星命名为“中华”，以表达对祖国的眷念。后来，为表彰张钰哲（图4-06）研究小行星的贡献，由一位美国天文学家发现的2051号小行星被命名为“张”。

中华人民共和国成立后，紫金山天文台发现了许多新的小行星。它们有的以中国古代科学家命名，例如1802号“张衡”、1888号“祖冲之”、2012号“郭守敬”等；有的用我国的地名命名，例如2045号“北京”、2078号“南京”、2169号“台湾”等；也有不少以现代人物或事物命名，例如3405号小行星以天文学家“戴文赛”命名，他从20世纪50年代初就任南京大学天文学系主任，直至70年代末病逝，深受全系师生的爱戴与尊敬。8256号小行星于2005年3月17日被命名为“神舟”；与此同时，欧洲南方天文台发现的21064号小行星被命名为“杨利伟”。

20世纪末，中国科学院北京天文台（今中国科学院国家天文台）利用施密特望远镜配上CCD开展巡天工作，大幅度提高了发现新小行星的效率。CCD的功能与照相底片有点相似，但比照相底片优越得多。它可以检测到非常微弱的光线，而且分辨率也很高。它可以把投射来的光学图像信号转变为电信号，直接输入电子计算机分析处理，经加工的信号又可重新转换为光学图像。把大型CCD接到天文望远镜的后端，便可取代照相底片，拍摄天体。

通过这样的巡天，中国科学院国家天文台发现的小行星数量迅速上升，其中有不少已获正式编号和命名。例如，1999年10月，7800号小行星被命名为“中国科学院”，为院庆50周年志贺。2001年3月9日，10930号小行星命名为“金庸”。国际小行星中心通告介绍说：金庸是15部著名武侠小说的作者，这些作品以各种文字出版至今超过了3亿册，他获得了一系列国际性的荣誉称号，是英国牛津大学、北京大学等五所著名大学的名誉教授。

很值得一提的是，1998年国际天文学联合会将第6741号小行星正式命名为“李元”、第6742号小行星命名为“卞德培”，以表彰他们半个多世纪来对中国天文普及事业做出的贡献。这两颗小行星是1994年由日本天文学家发现和推荐提名的。李元生于1925年，高中时期绘制的星图就非常精美，卞德培生于1926年，20岁时就发表了介绍日食、月食的科普作品。后来，这两位莫逆之交都为中国的天文普及事业鞠躬尽瘁。1987年北京天文馆建馆30周年时，李元因对建馆的贡献，成为我国“天文馆事业先驱者”荣誉奖的唯一获得者。2001年1月15日，卞德培因患癌症不幸逝世，享年七十有五。2016年7月6日，李元驾鹤西去，享年九十有二。

据国际天文学联合会发布的消息，截至2021年2月底，获得正式编号的小行星总数达547 966颗，其中已正式命名的有22 178颗。如今，这些数字还在不断地增长。

第三章　海王星的教益

奇怪的出轨行为

19世纪初，法国科学界有一位要人阿拉戈（Dominique François Jean Arago）。他在物理学的许多领域都有突出贡献，1809年23岁时被选为法兰西科学院院士，1830年任巴黎天文台台长。阿拉戈一直很关心一件天文学"要案"，以下便是此事的原委——

牛顿发现的万有引力定律，使天文学与力学攀上了亲。人们广泛地运用万有引力定律和牛顿运动定律研究天体的运动，天文学的一个崭新分支——天体力学遂告诞生。利用天体力学，人们可以根据天文观测来追溯行星以往的运动，而且还可以预告它们日后的动向。

在太阳系中，假如一颗行星只受到太阳引力的作用，那么它就会沿着理想的椭圆轨道环绕太阳运行。但是，所有的行星彼此之间也在互相吸引着，因此情况非常复杂。不过，太阳的质量远大于所有的行星，因此它的引力始终占据主宰地位。行星彼此之间的引力则造成所谓的"摄动"，它使诸行星的轨道或多或少地偏离了理想的椭圆。在某种意义上，天体力学主要就是和各种各样的摄动打交道。19世纪初，天文学家对摄动已经研究得相当深入，因此能够准确地预告行星在未来时刻的位置。

天文学家常把一颗星或一批星将于每天的什么时刻处于天穹上什么位置列成表，表中通常都列出一系列相继时刻的有关数据。这种表叫作"星历表"。法国天文学家布瓦尔（Alexis Bouvard）发现对于木星和土星，计算结果与实际观测很符合。唯独对于当时所知的最远行星天王星，结果总是不能令人满意。布瓦尔的星历表是1821年刊布的，仅仅过了9年，表中天王星的位置数据已经和观测结果差了20″，而到了1845年差值已经超过2′。

天王星运动的“出轨”行为，对万有引力定律提出了严重的挑战。究竟是万有引力定律和天体力学方法失灵了，还是在天王星轨道以外还有一颗尚未露面的行星，正在用自己的引力拖天王星的后腿？如果属于后一种情况，那么它为什么不影响木星和土星的运动呢？后面这个问题不难回答：由于未知行星离木星和土星太远，所以对木星和土星的摄动微乎其微。

怀疑牛顿理论的人是少数，认为存在一颗未知行星的人较多。然而，重要的是怎样把这颗深藏不露的行星找出来！

问题难就难在现在必须把牛顿的理论和方法颠倒过来运用：人们并不是先看见一颗行星然后来计算它的轨道，并算出它对其他行星的摄动效果，而是要根据天王星的“出轨”行径，反过来找到这颗产生摄动效果的未知行星。很多天文学家都不敢贸然把时间和精力投向这个也许无法解决的问题。

脍炙人口的发现史

然而，时代提出的迫切任务是不会长久无人问津的。两位年轻人不约而同地奋起应战了。他们都精通天体力学，具有高超的数学本领。

约翰·库奇·亚当斯（John Couch Adams）当时是剑桥大学的学生。1841年7月3日，22岁的他写下一段日后变得非常著名的日记：“拟于毕业后尽早探索天王星运动不规则之原因。查明在它之外是否可能有一颗行星在对它起作用；若是，则争取确定其大致的轨道参数，以便发现这颗新行星。”1843年末他已经找到解决问题的途径，1845年9月又根据对天王星“运动失常”的研究，推算出该假设行星的轨道、质量和当时的位置（图4-07）。他想同当时的皇家天文学家艾里（George Biddell Airy）讨论这些结果，但是他三访格林尼治皇家天文台，却未见到这位皇家天文学家。亚当斯留下一份有关计算结果的简短说明便回剑桥了。几天后，艾里复信表示感谢，

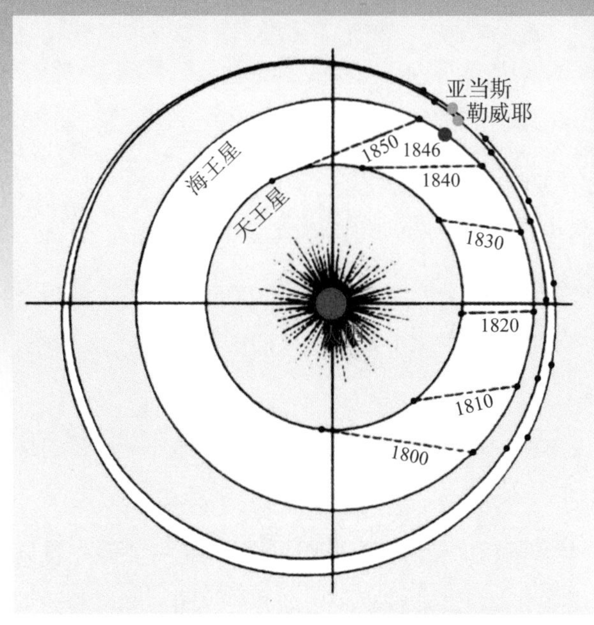

● 图4-07 海王星在1846年所处的位置示意图。

但又问他是否真能解释天王星的运动。亚当斯未再回信，他先前留下的计算结果便长期搁置在艾里办公室的抽屉里。

法国天文学家勒威耶（Urbain Jean Joseph Le Verrier）对亚当斯的工作毫不知情，他接受阿拉戈的提议，也在巴黎天文台钻研这个难题，并将研究结果写成几篇论文。艾里收到勒威耶1846年6月发表的论文副本，发现其计算结果与亚当斯的几乎完全一致，于是顿觉形势逼人，遂请剑桥天文台台长查利斯（James Challis）用望远镜进行详细搜索。可惜，查利斯缺乏好的星图。为了做好寻找未知行星的准备工作，查利斯决定亲自观测、编制一份包括这部分天空中3000余颗恒星准确位置的新星图。

1846年8月31日，勒威耶发表了题为《论使天王星运动失常的行星，它的质量、轨道和当前位置的确定》的最终报告。他请欧洲一些重要的天文台，按他指出的位置——宝瓶座中黄经326°的地方，用望远镜寻找这颗行星，当时其亮度估计为肉眼所见最暗恒星的十分之一。

1846年9月23日，柏林天文台年轻的天文学家加勒（Johann Gottfried Galle）收到勒威耶的来信。助手达雷斯特（Heinrich Louis d’Arrest）告诉他，正好有一份刚出版的新星图，包含了需要进行搜索的那一部分天空。

他们当晚便把柏林天文台最好的望远镜——夫朗禾费制造的口径23厘米的折射望远镜，指向了宝瓶座方向。加勒从望远镜中读出一颗颗星星的位置，达雷斯特则拿着星图在旁一一核对。他们发现有一颗8等星是星图上没有的，与勒威耶预言的位置偏离还不到1°。第二天晚上他们又核实一次，此星已在天空中退行了70″，这又与

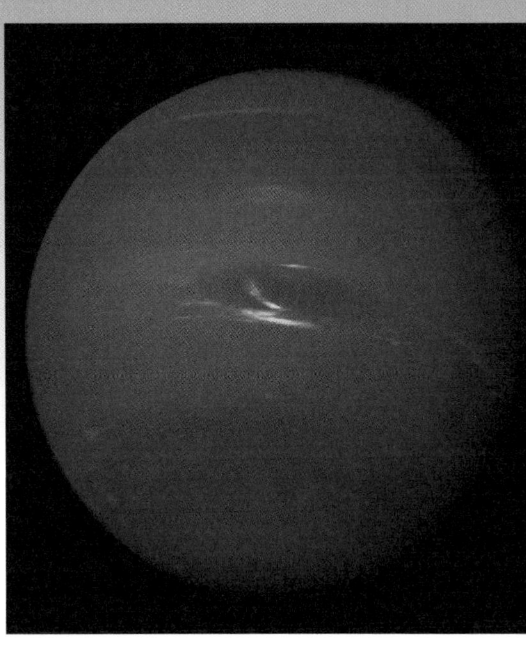

● 图4-08 “旅行者2号”宇宙飞船于1989年8月拍摄的海王星照片。

勒威耶的预言相吻合。加勒和达雷斯特真是喜出望外。

几天后，勒威耶收到一封信，其中写道：“先生，您给我们指出位置的那颗行星确实存在。”发信时间是9月25日，发信者是加勒。

阿拉戈想将新行星命名为“勒威耶”，但是勒威耶不赞成用自己的名字称呼新行星。他建议恪守天文界的老传统，用神话人物来命名。最后，这颗新行星以罗马神话中的大海之神纳普丘（Neptune）的名字命名，在汉语中定名为“海王星”（图4-08）。

海王星发现后不久，拉塞尔就发现了它的一颗大卫星，其直径接近3000千米。它以海神之子特里同（Triton）的名字命名，汉语中定名为“海卫一”。直到1949年，柯伊伯才发现了海卫二（Nereid），其直径仅300多千米。1989年，“旅行者2号”宇宙飞船越过海王星时发现了另外6个小海卫。据国际天文学联合会公布的资料，截至2021年4月27日，已发现的海卫总数为14颗，均已正式命名。

英法两国科学家为发现新行星的优先权激烈争论。阿拉戈盛赞勒威耶“为祖国争得了光辉，为子孙赢来了荣誉”。英国的约翰·赫歇尔则于1846年10月3日在伦敦发表公开信，声称勒威耶只是重复了亚当斯早已完成的计算。加勒和达雷斯特因及时观测受到人们赞扬，只有艾里因耽误搜索新行星而广受谴责，查利斯也因工作松懈成了反面教员。

亚当斯1819年出生在一个贫苦农民家庭。他很谦虚，从不参与两国科学家围绕着自己的争论，也从未责怪艾里和查利斯。1847年夏天，维多利亚女王在视察剑桥大学时派人转告副校长：“为表彰亚当斯研究新行星的贡献，女王陛下决定授予其爵位。”亚当斯婉言谢绝了。他说：“这是科学巨人牛顿曾经获得的荣誉，我与牛顿是无法相比的。”亚当斯于1858年成为剑桥大学天文学教授，1860年继查利斯任剑桥天文台台长，1892年1月21日在剑桥逝世，享年73岁。

勒威耶1811年出生于一名小公务员之家，父亲变卖了房屋让他上学。勒威耶起初从事化学实验工作，但事实一再证明，他是一名真正优秀的天文学家。阿拉戈死后，勒威耶于1854年被任命为巴黎天文台台长，1877年卒于任上。他和亚当斯在共同的事业中各自做出了贡献，后来成了好朋友。

加勒生于1812年，工作到83岁才退休，1910年7月10日98岁时与世长辞。哈雷彗星1835年回归时，加勒曾专门研究它；在去世前几个月，他又再次看见了哈雷彗星。

海王星的发现是科学史上的一件大事，是牛顿力学理论和万有引力定律的光辉胜利。关于海王星的发现权，时常会有人旧案重提，主要是质疑亚当斯是否有权分享发现者的殊荣。最新的一次，发生在21世纪初，其由头是发现了此案的某些新物证。

第一物证重见天日

1846年11月13日，艾里在皇家天文学会宣读一份文件，并记录在案。他证实1845年秋天确实收到了亚当斯有关海王星的预告，并在次年夏天发起一场寻找该行星的秘密行动。令人吃惊的是，自从20世纪60年代中期以来，无论何时要求查阅这份文件，皇家天文台的图书馆管理员都会回答：此件“不在馆内”。

如此重要的文件居然失踪了！这简直不可思议。图书管理员怀疑天文学家艾根（Olin J. Eggen）窃取了它，因为艾根是已知曾经查阅该文件的最后一人。20世纪60年代早期艾根曾任皇家天文学家首席助理，后来移居澳大利亚和智利。他矢口否认拥有这份文件。图书管理员忌惮他狗急跳墙销毁罪证，因而未敢相逼太急。

1998年10月2日，艾根死了。同事们在智利天文研究所他的遗物中偶然发现了这些丢失的文件，还有来自皇家格林尼治天文台图书馆的极其珍贵的书籍。他们将这些足有100多千克重的材料寄还剑桥大学图书馆——格林尼治天文台的档案存于此处，图书馆工作人员立即对这些文件做了备份。

1845年10月亚当斯留在艾里信箱中的简短说明——本案的第一物证，终于重见天日。它给出了假想行星的轨道要素，但没有提供理论和计算的背景信息。艾里很快就给亚当斯写了一封信，但是亚当斯并未回复艾里所提的问题。

1846年上半年，亚当斯专注于研究一颗刚分裂为两半的彗星碎片的运动轨道。没有文件表明1846年6月底之前他仍在考虑天王星所受的摄动。然后，勒威耶的论文传到英国。接下来，艾里建议查利斯进行搜索，亚当斯亦参与其事。8月4日和12日，查利斯两次记录到这个想要寻找的天体，却未立即进行位置比较，从而错失了发现海王星的机会。9月29日，查利斯注意到该天体“似乎有一个圆面”。然而，一切都晚了，加勒已经走在前头。

上述内容的有关细节，可参阅2005年2月号中文版《科学美国人》“谁发现了海王星?”一文（图4-09）。此文的3位作者并不是法国人，他们的结论是：亚当斯完成了值得注意的计算，但未有效地将自己的研究结果告知同行们，更未能让世界周知。“对于海王星的发现，亚当斯不能与勒威耶享有同等荣誉。该荣誉仅属于这样的人，他不但成功地预言这颗行星的位置，而且说服天

行星疑案文件

长期失踪的海王星文件于1998年重见天日。天文学家欧林·艾根（Olin Eggen）在30年前从皇家格林威治天文台图书馆私自窃取了这些文件，其原因仍不清楚。艾根去世后，人们从他的遗物中再次找到这批宝贵资料。这些文件向人们揭示，维多利亚时代的英国天文学家如何编造出一个关于海王星发现的官方故事。

文件包括这张便条，长期以来，它被视为亚当斯第一个预言了海王星的存在并预测出其位置的主要证据。1845年10月，亚当斯将这个便条留在皇家天文学家艾里的邮箱中。但该便条未曾引起人们的注意：它只给出了计算结果，而未提供任何细节。

这是从康沃尔郡档案馆新发现的一封信件，亚当斯准备写给艾里，但并未写完。这封信解决了一个难题：亚当斯为什么没有对艾里要求提供更多信息给予回复。如果他给予答复，那么英国人有可能在法国人和德国人之前独立发现海王星。这封信说明，亚当斯的确认为艾里的质询非常重要，这就与他后来的声明相矛盾。显然，是其他的重要问题引开了他对海王星问题的注意力。

Campbell的学生回忆道，“我满怀期望升入剑桥大学，结果第一个遇上的就是一位在许多方面都远远超过我的人”。亚当斯连年获得剑桥大学颁发的所有数学方面的奖学金。然而在其他方面他似乎很健忘，几乎是一个精神与肉体脱离、而且身体不健全的人物。另一个学生回忆道，亚当斯是个“相当矮小的人，他走路很快，总是穿着一件褪了色的暗绿色外套。”他的房东老板娘说，“有时发现他躺在沙发上，身边既没有书也没有纸，但这不常见…如果她要对亚当斯说话，引起他注意的唯一方法是直接走到他身边，拍他的肩膀，招唤他是没有用的。”

68　科学 2005年2期　www.cnsciam.com

● 图4-09 《科学美国人》杂志中文版2005年2月号关于海王星档案之谜的文章中，给出了最新发现的艾根窃取海王星文件物证。

文学家心悦诚服地去寻找它。这一伟大成就只能属于勒威耶一人。”

海王星与太阳的距离30.1天文单位，不符合提丢斯-波德定则：按该定则推算此距离应为38.8天文单位。从水星到天王星，这么多行星都遵守提丢斯-波德定则，究竟是偶然的巧合，还是必然的规律？人们各持己见，但是大家都赞同：利用这个定则帮助记忆行星到太阳的距离，确实是一个简便的好办法。

第四章 冥王星的身世

“我为此不胜惊骇”

1846年发现海王星之后不久，勒威耶就说过：“对这颗新行星（海王星）观测三四十年后，我们又将能利用它来发现就离太阳远近而言紧随其后的那颗行星。”

19世纪后期，就有天文学家开始寻找“海外行星”了。其中，最为努力的是美国天文学家珀西瓦尔·劳伦斯·洛厄尔（Percival Lawrence Lowell）。洛厄尔出身名门，家境富有。1894年，他在亚利桑那州的弗拉格斯塔夫附近建造了一座私家天文台，那里空气洁净、夜晚晴朗，远离城市灯光。此后，他便在那里潜心研究火星“运河”和搜索“海外行星”——洛厄尔称它为“行星X”。

1905年，洛厄尔及其同事开始对行星X进行第一轮搜索。他们用一架口径12.7厘米的折射望远镜拍摄天空照片，然后把不同时间拍摄的同一天区的两张照相底片稍微错开一点上下重叠，并手持放大镜寻找相对于背景恒星显示出微小位移的天体。他一直干到1907年，没能做出什么发现。

1910年7月，洛厄尔的班底开始对行星X进行第二轮搜索。这次他们使用了“闪视比较仪”。这种仪器有一个快门，可用于极其迅速地交替取景，以至于眼睛几乎不能察觉视场从一张照相底片到另一张底片的快速转移。如果一个天体在不同的底片上有了位移，那么在快速变换视场时，该天体就会相对于整个恒星背景来回闪动。搜索还是毫无建树。1915年9月，洛厄尔得出结论：这个天体暗于13等，用于搜索它的望远镜还是太小了。1916年11月12日，洛厄尔告别人世。直到13年以后，才有人重新以饱满的热情投入搜索行星X的工作。

汤博（Clyde William Tombaugh）生于1906年，少时家贫，无钱上大学。他酷爱天文学，便用散落在父亲农场里的机器部件自制一架望远镜，将它指向夜空……

1929年1月，汤博进入洛厄尔天文台，4个月后开始对行星X做第三轮搜索。起初，他只负责照相。闪视比较仪的工作则由更富有经验的人——台长维斯托·斯莱弗（Vesto Melvin Slipher）和他的兄弟、天文学家厄尔·斯莱弗（Earl Charles Slipher）去做。

洛厄尔天文台为第三轮搜索安装了一架新的望远镜——口径33厘米的反射式天体照相仪。他们决定首先考察双子座中两个天区的照相底片，每张底片上的星像各多达30万个。要找出一个相对于群星有微小位移的星像，实在令人望而生畏。斯莱弗台长的信心减退了，他虽然继续指导汤博在双子座以东沿黄道带照相，却未做足够的闪视比较。此项任务后来移交给汤博独立进行。

1930年1月23日和29日，汤博再次拍摄了双子座δ星附近的天区（图4–10）。2月18日下午4点钟，他在闪视比较仪的视场中看见有一个小星点在来回闪动。后来汤博写道：

● 图4–10 汤博发现冥王星的照相底片：1930年1月23日拍摄（左），1930年1月29日拍摄（右），箭头所指即为冥王星（原件存档：洛厄尔天文台）。

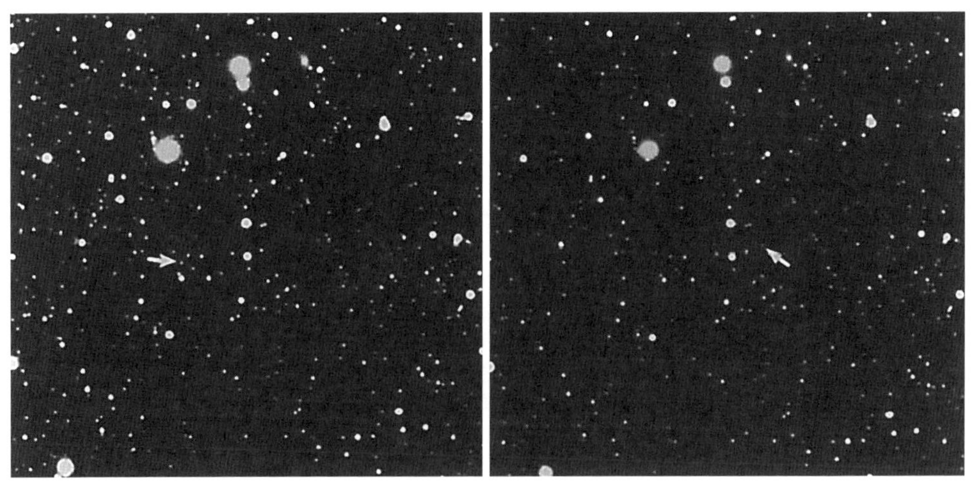

我为此不胜惊骇……哦，我好好看了一下表，记下时间。这应该是一项历史性的发现……接下来的45分钟光景，我处于有生以来从未有过的兴奋状态中……我尽力控制自己，尽量若无其事地走进他（斯莱弗）的办公室……“斯莱弗博士，我已经发现您的行星X……我将向您出示证据。”……他立即冲向闪视比较仪室……

对此天体进一步观测后，1930年3月13日，斯莱弗台长终于宣布发现了一颗海外行星。这天正好是洛厄尔75岁诞辰，又是威廉·赫歇尔发现天王星149周年纪念日。为该行星命名的建议如潮水般地涌向洛厄尔天文台，不少人认为应该将它命名为洛厄尔……

1930年5月1日，斯莱弗台长正式宣布将新行星命名为普鲁托（Pluto）——罗马神话中的冥神。这一名称最初由英国牛津一位11岁的女孩维尼夏·伯尼（Venetia Burney）提议，她觉得这很适合于一颗永处幽暗、寒冷中的行星。在汉语中它定名为“冥王星”。

汤博发现冥王星后，于1932年获得堪萨斯大学的奖学金，最终圆了大学梦。他于1936年取得学士学位，1939年获硕士学位。他在洛厄尔天文台工作到1943年，后来在新墨西哥大学执教，1965年任教授，1973年起为荣誉教授，1997年1月17日以90岁高龄与世长辞。

普鲁托与卡戎之舞

冥王星约248年绕太阳公转一周，它与太阳的平均距离约为59亿千米，即39.44天文单位，这不符合提丢斯—波得定则。冥王星的轨道椭圆偏心率高达0.248，超过任何一颗大行星。这使它在轨道近日点附近时，与太阳的距离比海王星到太阳还近。

冥王星的直径约2370千米，比月球的直径（3476千米）还小。其质量仅为月球质量的18%，或地球质量的2.2‰。由于远离太阳，冥王星的温度始终在−220℃以下。1976年进行的分光观测揭示了冥王星表面存在甲烷雾，这令人猜测它由冻结的水和其他氢化合物组成，因而具有相当高的反照率。冥王星的物质密度约为水的2倍，水星、金星、地球和火星的物质密度都比它大，木星、土星、天王星和海王星的物质密度则比它小。

冥王星发现后将近半个世纪，人们一直以为它没有卫星。但是在1978年，情况发生了戏剧性的变化——

为了精确测定冥王星的位置，美国海军天文台从1978年开始用口径1.55米的反射望远镜，在尽可能好的天气条件下，对冥王星拍摄新的照相底片。1978年6月22日，该台的天文学家詹姆斯·克里斯蒂（James Walter Christy）发现，每张照相底片上的冥王星像都不对称地伸长了，而它附近的其他星像却未伸长。他猜想这颗行星也许有某种很不寻常的表面特征，或者有一颗卫星（图4–11）。接着，他又找到5张1970年的照相底片，它们是在一个星期里拍摄的。这些照片表明，伸长的部分以大约6天的周期绕着冥王星转动，与冥王星的自转周期6.387天相当。同年7月6日，位于智利托洛洛山美洲天文台的4米口径望远镜拍摄的照片证实了上述发现。7月8日，国际天文学联合会正式宣布：冥王星有一颗卫星。20世纪90年代初，哈勃空间望远镜的观测更确切地证实了这一点。

根据克里斯蒂的提议，这颗卫星被命名为“卡戎”（Charon）——希腊神话中将亡灵渡过冥河送往地狱的一名艄公。它在汉语中定名为“冥卫一”，其直径约1200千米，达冥王星直径的一半，质量约为冥王星质量的1/10。这两个天体间的距离约19 000千米，仅相当于月地距离的1/20。

冥卫一绕冥王星公转的周期是6.387天，与冥王星的自转周期完全相同。因此，从冥王星上看，冥卫一始终固定在

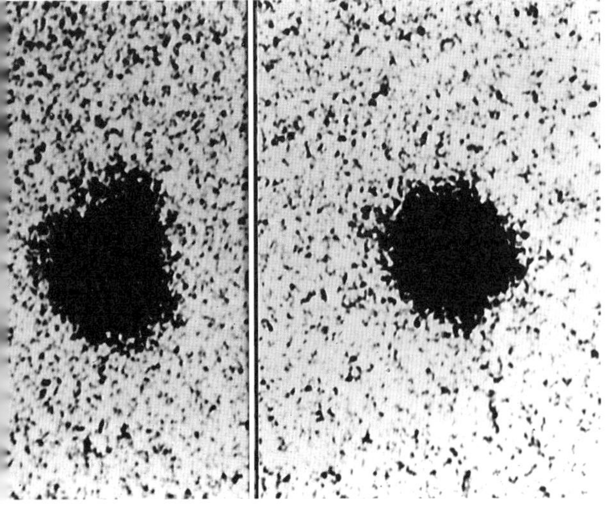

● 图4–11 根据这两张照相底片提供的线索，美国天文学家克里斯蒂发现了冥王星的卫星“卡戎”。左边底片上冥王星右上方的凸起部分，在右边底片上已经转到下方。

其赤道上空的某一点。而且，冥卫一的自转周期又与其公转周期一样长，所以它始终以同一面朝着冥王星。冥王星的自转周期、冥卫一的公转周期，以及冥卫一的自转周期这三者完全相同的“三重同步”现象，使冥王星和冥卫一就像两个人手拉手、面对面跳舞那样，谁也见不到谁的背面。这在太阳系中绝无仅有。

“新视野号”远航

冥王星的许多物理特征和先前所知的八大行星大不相同，这使一些天文学家怀疑：它究竟是不是一颗名副其实的行星？

其实，早在20世纪30年代冥王星被发现后不久，就有人主张：冥王星原是海王星的一颗大卫星，它与海卫一的引力相互作用改变了两者的运动状况。这使冥王星脱离海王星而成为一颗独立的行星；海卫一则在这一过程中受到反向冲力，成为一颗逆向公转的反常卫星。

但是汤博认为，冥王星拥有卫星，这本身就表明它是一颗正宗的大行星。2005年5月，美国国家航空航天局宣称哈勃空间望远镜又观测到2颗新的冥卫。它们的直径分别为32千米和70千米，亮度只有冥王星的五千分之一，到冥王星的距离分别约为44 000千米和53 000千米，大致是冥卫一到冥王星距离的2至3倍。2006年6月，国际天文学联合会分别将它们命名为“尼克斯”（Nix）和“海德拉”（Hydra），前者原为古希腊神话中的黑夜女神，后者则为一多头水蛇怪。它们在汉语中定名为冥卫二和冥卫三。

2011年和2012年，又有两颗更小的冥卫被发现，后来命名为“刻耳柏洛斯”（Cerberus）和“斯堤克斯”（Styx）。在古希腊神话中，刻耳柏洛斯是长着三个脑袋的冥界入口看门狗，它让死者的亡魂进地狱，但不允许任何灵魂外出，更禁止活人出入。斯堤克斯是环绕冥土的一条河流，又是照管斯堤克斯这条冥河的一位水仙。在汉语中，这两颗冥卫分别定名为冥卫四和冥卫五。冥王星有这么多的卫星，实在超出了人们的意料！

冥王星的发现是长期精心地系统搜索的结果。几十年过去了，人们对这个遥远世界还是知道得太少，为什么不派宇宙飞船去近距离考察呢？

2006年1月19日，美国国家航空航天局成功发射了“新视野号”冥王星探测器，其尺寸有如一架大钢琴，重454千克。冥王星距离太阳太远，“新视野号”将无法获得足够的太阳能，因此只能依靠所携带的10.9千克钚丸的放射性衰变提供动力。在太空中飞行将近10年、经过近50亿千米的漫长旅程，“新视野号”于2015年7月14日近距离掠过冥王星，给人们带来了关于冥王星及其卫星的许多新发现。

● 图4–12 “新视野号”拍摄的冥王星图像，注意“冥王星之心”（来源：NASA）。

例如，在“新视野号”飞越冥王星时拍摄的图像上，有一个惹人注目的心形特征，被昵称为“冥王星之心”（图4–12）。这颗“心”分为左右两叶，左叶较为平滑，是一片被冰覆盖的高原。科学家们相信，在左叶冰层下面有一片深约100千米的沙冰状海洋，其水量几乎与地球上的海洋相当！而且，巨大的地下海洋中含有氨等物质，足以使水保持液态。然而，那里不太可能有生命。

再如，对于某些冥卫，科学家通过分析它们表面上的陨星坑分布特征，可以推断它们的年龄。结果表明，那些冥卫都是同时诞生的。这说明，卫星是冥王星在远古时期同另一个天体猛烈撞击的产物。

“新视野号”的飞行速度很快，它携带的燃料不足以让其减速到进入环绕冥王星运行的轨道。因此，它同冥王星及冥卫“亲密接触”后，仍然继续前行，深入柯伊伯带进行考察，一去而不复返。

第五章　更诗意的远方

阋神星亮相

1930年发现冥王星以来，有9颗大行星在各自的轨道上环绕太阳运行，就被写入了每一个国家的中小学教科书。那么，太阳系中还有更多的大行星吗？

太阳系中许多行星彼此间的引力造成的摄动，使得行星公转轨道的近日点总在不断地缓缓前移，这称为行星轨道近日点的“进动”（图4–13）。

在各大行星中，水星离太阳最近，而且质量又小，其轨道近日点的进动最为显著。根据牛顿的万有引力定律，可以准确地推算出水星近日点进动的数值。然而，实际天文观测到的进动量却比牛顿理论所能解释的更大。

勒威耶深受发现海王星的鼓舞，于1859年宣称，这种差异可以解释为在水星轨道以内还存在着一颗未知的“水内行星”，正是它的引力造成了水星运动的异常。勒威耶将这颗想象中的行星命名为“武尔坎”（Vulcan）。此词源自古罗马神话中火神的名字

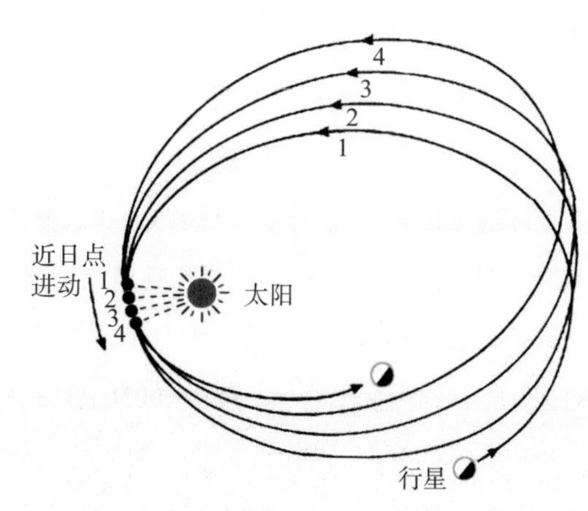

● 图4–13　行星轨道近日点的进动现象。

武尔坎努斯（Vulcanus）。“武尔坎”在汉语中被称为“火神星”。但是，从未有人找到过这颗想象中的“水内行星”，看来那只是一场误会而已。

实际观测到的水星近日点进动，每100年只比用牛顿理论计算的结果大43″。这个数值很小，但牛顿的理论就是无法对它作出交代。

水星轨道近日点的反常进动，暴露出万有引力定律有缺陷。1915年，爱因斯坦建立了广义相对论。按照广义相对论计算，水星近日点的进动量每100年恰好要比根据牛顿理论计算的结果多出将近43″。理论与观测如此吻合，实在是对广义相对论的一大支持。存在水内行星的希望十分渺茫，天文学家还是转向太阳系的远方，继续探寻隐匿行星的踪迹。

汤博于1930年发现冥王星之后，又花了十三四年的时间寻找“冥外行星”。他所用的方法，依然是赖以发现冥王星的闪视比较法。但是，无论他多么细心，“冥外行星”还是毫无踪影。他的看法是：冥外行星也许并不存在。

热衷于寻找“第十颗大行星”者不乏其人。20世纪90年代，有些天文学家想到：从发现天王星到发现海王星经历了65年时间，从发现海王星到发现冥王星经历了84年，而从发现冥王星至今又过了70来个年头，那么第十颗大行星是否也快露面了呢？

历史的车轮驶入了21世纪。2005年7月29日，美国加州理工学院的行星天文学教授迈克尔·布朗（Michael E. Brown）富有戏剧性地通过电话向新闻界宣称：“拿起你们的笔，从今天开始改写教科书。”意思是他的研究小组已经发现了第十颗大行星！

这颗“新行星”的暂定名是2003UB313，它被发现时与太阳的距离约97天文单位，即约145亿千米，几乎是冥王星当时到太阳距离的3倍。2003UB313位于柯伊伯带内，环绕太阳运行的公转周期是560年，其轨道是一个长长的椭圆，近日距约53亿千米，即约35天文单位。布朗和其他天文学家根据它的亮度和距离推测其尺度比冥王星大（后来知道，其实它还是稍小于冥王星，直径仅差约40千米），因此，“如果冥王星能够称为行星的话，那么2003UB313完全可以归入行星之列。”

2006年9月13日，国际天文学联合会正式命名2003UB313为“厄里斯”（Eris），这原是希腊神话中抛下引起纷争的金苹果，导致特洛伊战争的纷争女神的名字。布朗本人

● 图4–14 在这幅照片上，阋神星位于中央，其右侧的一个小点就是它的卫星阋卫一。

也认为“这是一个完美得让人无法拒绝的名称”。它在汉语中定名为“阋神星”（图4–14）。阋神星引起了天文学家之间的纷争：它究竟能不能算作“第十颗大行星”呢？

就在布朗等人宣布发现“第十颗大行星”的前一天，2005年7月28日，西班牙天文学家奥尔蒂兹（Jose-Luis Ortiz）为首的一个小组宣称，他们也发现了一个相当大的柯伊伯带天体2003EL61（后编号为小行星136108号，命名为Haumea，汉语定名为“妊神星”）。此外，布朗小组还在柯伊伯带中发现了另一个较大的天体2005FY9（后编号为小行星136472号，命名为Makemake，汉语定名“鸟神星”），它比冥王星更亮，但大小不及冥王星。

为了更确切地理解这些天体的身份，更合理地回答有关“第十颗大行星”的问题，尚需对柯伊伯带的状况有更多的了解。

柯伊伯带天体

在太阳系中，越出海王星的轨道，就进入了柯伊伯带。那里的景色就像一首意象奇妙的诗（本书作者写于2006年）：

在那遥远的天界

比大地到太阳还远百倍的地方，

无数原始的冰岩组成了一个环——

“新视野”行将探访的柯伊伯带。

你看带中的那些冰岩啊，
  正环绕着太阳奔波不息，
    浩浩荡荡、万古不怠。
那些冰岩的身量不大，
  就连它们的“体重冠军”
    也难和我们的月球比肩。
那些冰岩的长相各异，
  只有“重量级”中的少数佼佼者
    才具备圆球形状的外观。
那里，永远是寒冷和黑暗，
  阳光的余威微乎其微。
  然而，那些古老的冰岩啊，
    却在折射太阳系发端时的事态。
  这，正是它们令人崇敬的原委。
或许，你已经知晓
  普鲁托也正在柯伊伯带中盘桓，
    连同它那忠诚的艄公卡戎。
而今，在那里
  一众与普鲁托同等级的伙伴正在露头，
  这可忙坏了天文学家——
    有人正为它们的排行操心，
    有人想为它们的身份正名：
      哎呀，这冥王星究竟为啥不是一颗大行星？！

柯伊伯带起初是旅美荷兰天文学家柯伊伯为解释海王星的轨道变化而于1951年提出的一种假设。20世纪90年代以前，它只是一种理论上的推测。位于柯伊伯带内的天体，统称为“柯伊伯带天体”。

1992年8月，天文学家在与太阳相距40余天文单位处发现一颗暂名1992QB1的小行星（后编为15760号，命名为Albion，汉语定名“阿尔比恩”），它是人们首次发现的柯伊伯带天体。到2005年年底，人们发现的柯伊伯带天体已经近千；其中直径上千千米的有10来个，约占总数的1%。据信，直径超过50千米的柯伊伯带天体或许会有7万颗，直径1～10千米的可能多达10亿颗，它们的总质量可能达到地球质量的10%～30%（图4-15）。

2004年3月15日，迈克尔·布朗宣布发现一颗小行星2003VB12（编号90377）正处在距离地球约129亿千米的地方，这相当于当时冥王星到地球距离的3倍。他们将这个天体命名为赛德娜（Sedna）——因纽特人传说中的海神。其直径约1770千米，为冥王星直径的3/4，一时间成为自冥王星之后在太阳系中发现的最大天体。

● 图4-15 艺术家画笔下的柯伊伯带（作者：Calvin J. Hamilton）。

赛德娜是太阳系中除火星以外颜色最红的天体。它由岩石和冰块组成，其表面温度估计不会高于−240℃，是太阳系中已知最冷的星球。它沿一条非常扁长的椭圆轨道环绕太阳运行，公转一圈要花11 000年光景。其公转轨道的远日点估计离太阳远达1300亿千米。但是，目前它正运行在轨道近日点附近，未来的几十年将是从地球上观测它的好时机。

那些年还发现了好几个较大的柯伊伯带天体：如直径1060千米的伊克西翁（Ixion，小行星28978号，即2001KX76）、直径1200千米的鸟神星、直径1600千米的亡神星（Orcus，小行星90482号，即2004DW）、直径1700千米的妊神星，等等。当然，最著名的还是直径约2330千米的阋神星。

柯伊伯带太遥远啦，从地球上很难看清楚。然而，“新视野号”正在继续向柯伊伯带深处挺进，谁知道有朝一日它又会发回什么出人意料的新消息呢？

阋神星算不算一颗大行星？值得再次提醒：“大行星”和“行星”其实是一回事，“小行星”则是与之不同的另一类天体。添上一个“大”字，是为了强调它们并非小行星。

究竟什么是一颗行星呢？要给行星下一个精确的定义，并不那么简单。其实，在科学中，类似的情况并不少。例如，什么是大陆？格陵兰或者马达加斯加是一个大陆吗？人们的回答是：“不，它们只是一些大的岛屿。”那么，澳大利亚是一个大陆吗？通常的回答是：“是的，它是一个大陆。”不过，也有地理学家认为，澳大利亚只是一个比格陵兰更大的岛屿而已。大陆和岛屿的分界线究竟何在呢？还有，山脉和丘陵，江河和溪涧，它们之间有严格的界限吗？

要把大行星和小行星断然分开，恐怕也很难。曾经有人设想，不妨为大行星的直径画一条底线，譬如说2000千米。但是，倘若有朝一日，人们发现一个直径1990千米、甚至1999千米的天体在环绕太阳转动，那么它还是只能算作一颗小行星吗？如此决断，岂不太牵强了？

另一些天文学家提议，在太阳系中，任何质量足够大、因而被自身引力挤压成球形的天体，都有资格作为行星的候选者：如果它直接环绕太阳转动，那就是一颗行星，例如地球、冥王星、赛德娜等（图4-16）；如果它绕着一颗行星转动，那就是

图4–16 赛德娜、直径约1300千米的夸奥尔(Quaoar，小行星50000号，即2002LM60)、冥王星、月球和地球的大小比较。

一颗卫星，例如卡戎、月球、土卫六等。

但是，这样的话，谷神星、智神星等五六颗小行星也将“晋升”为大行星，致使太阳系中新“提拔”的行星猛增到20来颗。这似乎同样难以让人接受。

给大行星下更确切的定义，必须既尊重历史、又预见未来，既立足科学、又兼顾文化。2006年8月，国际天文学联合会为此作出决议，其要点是：

行星必须有足够大的质量，从而其自身的引力足以使之保持近乎圆球的形状，它必须环绕自己所属的恒星运行，并且已经清空其轨道附近的区域（这意味着同一轨道附近只能有一颗行星）。早先知道的八大行星都满足这些条件。另一方面，冥王星、阋神星等虽然接近圆球形，并且环绕太阳运行，却未能“清空其轨道附近的区域”。它们身处柯伊伯带中，那里的其他天体还多着呢！为此，决议新设了“矮行星”这一分类，除冥王星、阋神星外，谷神星也应划归这一类，后来还认定了鸟神星和妊神星。迄2019年10月止，国际天文学联合会确认的矮行星只有这5颗。

究竟还有哪些小行星和柯伊伯带天体，也应归属为“矮行星”？这尚待国际天文学联合会逐一界定。环绕太阳运行，连矮行星都算不上的其他天体，统属“太阳系小天体”一类。行星、矮行星、太阳系小天体是三个大类，一个大类中还可以有不同的次类。例如太阳系小天体中就包含了彗星、绝大多数小行星，以及柯伊伯带中的许多其他天体。

太阳系的疆界

太阳系宛如一个巨大的“王国”。现在，我们探索的目标离它的中心——太阳，也离我们生机盎然的家园地球越来越远了。那么，这个王国的疆域究竟有多大，它的边界又在哪里呢？

早先，人们曾将土星轨道视为太阳系的边界。1781年，威廉·赫歇尔发现了天王星，一举将当时人们所知的太阳系尺度翻了番。1846年，加勒在天文望远镜中切实找到了勒威耶预告的海王星，它与太阳相距30.1天文单位。1930年，汤博发现了冥王星，它与太阳的平均距离约39.5天文单位。

自1801年发现谷神星以来，迄2020年6月记录在案的小行星已接近55万颗，它们大多处于火星轨道和木星轨道之间的“主带”中。但是，也有少数小行星进入地球轨道以内，或越出土星轨道以外。1977年10月，美国天文学家科瓦尔（Charles Thomas Kowal）发现一颗运行于土星和天王星之间的小行星，后来编为2060号，以古希腊神话的半人半马之神喀戎（Chiron）命名（图4–17）。20世纪80年代末查明，它实际上是一个半似小行星半像彗星的天体。此后，又在离太阳20～50天文单位的区域发现了几个与之类似的天体，现统称“半人马型小行星”，其英语名Centaur原为希腊神话中的半人半马族群。

图4–17 古希腊神话中的半人半马之神喀戎，骑在他身上的是他的徒弟阿喀琉斯。

绝大多数彗星的轨道都拉得很长。有些彗星轨道的远日距可达成千上万天文单位，但它们依然是太阳系的成员。另一些彗星的轨道是抛物线或双曲线，它们绕过近日点后就离太阳越来越远，最终进入星际空间，一去而不复返。

位于海王星轨道以外的柯伊伯带是短周期彗星的源泉。同时，那里还有许许多多由岩石、水冰，以及冻结的甲烷和二氧化碳等化合物构成的柯伊伯带天体，包括冥王星和那个大小可与之比肩的阋神星。

越出柯伊伯带是不是就离开太阳王国了？这不禁令人想起法国天文学家弗拉马利翁（Nicolas Camille Flammarion）的传世之作《大众天文学》（1879年）中那段诗意盎然的话：

你以为一切都已经发现？
那真是绝顶的荒谬；
这无异把有限的天边
当做了世界的尽头。

今天，天文学家仍在诗意地想象着太阳系的远方。例如，英国著名的《新科学家》杂志在2005年7月23日那一期上，曾援引美国天文学家尤金·蒋（Eugene Chiang）的理论，宣称应该有10来颗行星隐藏在太阳系的边缘地带，沿独特的轨道绕太阳运行。它们比火星更大，比冥王星更冷，到太阳的距离是日地距离的1000～10 000倍！但是，诸如此类的理论和猜测究竟是否正确，还有待于时间的检验，有赖于更多的天文新发现。

太阳王国的疆域，大致可以以“奥尔特云”为界。奥尔特云最初是由荷兰天文学家奥尔特（Jan Hendrik Oort）于1950年提出的，它是长周期彗星的储库，外观近乎一个均匀的球状壳层，距离太阳好几万天文单位。奥尔特云中包含着数以万亿计的彗星，它们绕太阳公转一周需要几百万年甚至几千万年。过路恒星的引力使一部分彗星的运动轨道发生变化，致使它们窜入太阳系内层而被我们看见。

人们早已知道，太阳最近的恒星邻居半人马座比邻星，与太阳相距4.22光年，相当于约27万天文单位。可见，奥尔特云已经接近其他恒星的“势力范围”了。

非常有趣的是，通过一条截然不同的途径，人们推测太阳拥有一颗尚未被发现的暗伴星——一颗质量和体积都比太阳小、发光能力也比太阳弱的恒星，它与太阳组成了一个双星系统。导致这一结论的推理过程是这样的：

过去2亿多年间，地球上有过多次全球性的生物集群绝灭，它们似乎具有2600万年的周期。生物集群绝灭当然是由于环境剧变造成的，因此要寻找以2600万年为周期的环境剧变的起因。对此的推测之一，就是太阳有一颗伴星正以2600万年的周期在高度偏心的轨道上绕太阳转动。根据轨道运动周期，容易推算出它与太阳的平均距离为88 000天文单位，即约1.4光年。其轨道远端深深栽入奥尔特云中；而在它经过近日点附近时，则会酿成置地球上众多生物于死地的环境剧变。人们谑称这颗伴星为“尼米西斯”（Nemesis）——希腊神话中的复仇女神，并试图用空间红外探测等强有力的方法去搜寻它。

综上所述可见，太阳王国的疆界并不像地球上截然分明的国界。太阳系的边界应该在太阳与其他恒星的引力影响势均力敌的地方。显然，这在空间的不同方向上乃是各不相同的。再者，宇宙间所有的天体都在不停地运动着，它们相对于邻近天体而言的“势力范围”也在不断消长。换句话说，太阳系的边界其实无时无刻不在变化，我们又何必非要为太阳王国画一条确定的“国界线”呢？

第六章 客从太阳系外来

“雪茄”客造访太阳系

2017年11月20日，英国著名科学期刊《自然》发布了一条特别的消息：

一个极其细长的暗红色星际小行星短暂造访。

此文作者是凯伦·米奇（Karen J. Meech）、罗伯特·沃利克（Robert Weryk）和他们的团队合作者。文章说的是，天文学家新近发现了一个近日小天体，它在接近到离太阳只有0.255天文单位（约3800万千米）时仍未显现出彗星寻常具有的特征。进一步分析这个小天体的运行轨道，发现它竟然来自太阳系以外！

发现者沃利克博士是夏威夷大学天文研究所的青年天文学家，他参加了该研究所行星天文学家米奇关于泛星计划（Pan-STARRS）的一个研究课题。

所谓“泛星计划”，是一个正在进行的巡天计划。其目标是要建立一个在夏威夷地区能见的所有天区（约占整个天空的四分之三）中、视星等可暗达24等的天体数据库。该计划要建造一个由4架口径1.8米的望远镜组成的阵列，预期每月可对上述天区内的天体巡测数次，以比较识别天体的位置和亮度变化，从而高效地发现彗星、小行星、变星，等等，尤其是发现有可能撞击地球的近地小天体。

泛星计划已建成的第一台望远镜“泛星1号”（简称PS1），设置在夏威夷毛伊岛的哈里阿卡拉天文台（Haleakala Observatory），由夏威夷大学管理，已于2008年12

月6日启用。

2017年10月19日夜晚，沃利克在用PS1望远镜进行巡天观测时，在鲸鱼座和双鱼座的边界附近发现了一个亮度仅20等的新天体，根据以往的经验，他以为这是一颗新出现的彗星。

接着，米奇、沃利克和他们的团队又进行更多的观测，并初步算出了这个新天体的运行轨道。他们发现此天体的轨道拉得极长：是一条偏心率高达1.2的双曲线，这超过了以往的任何一颗彗星。太阳系中小天体的轨道可分为三类：椭圆的、抛物线的和双曲线的。只有沿椭圆轨道运行的小天体，才能长期保持在太阳系内做周期性的运动，而这个新天体最终则将一去而不复返。

这个小天体很暗，在星空背景上又移动得很快，米奇和沃利克立即联系世界上威力最强大的一些望远镜参与观测。10月25日一早（格林尼治时间），他们通过国际天文学联合会（简称IAU）小行星中心电子公告发布了发现新彗星C/2017U1（PANSTARRS）的消息，临时性彗星编号C/2017U1中的字母C表明它是一颗长周期彗星。发现者们此时已认为，这很可能是“星际彗星的第一个明晰案例”。

同在这一天，欧洲南方天文台甚大望远镜拍摄的照片显示，C/2017U1没有彗发，未见其有彗星活动的迹象。此时该天体距离太阳仅1.36天文单位，这表明它并非彗星，而是一个具有小行星特征的天体。于是，就在当晚国际天文学联合会小行星中心电子公告作了更正：

> 在由VLT（甚大望远镜）得到的一个多重叠加图像上，这个目标似乎完全像是恒星。为了与IAU1995号关于彗星命名系统的决议相一致，该天体名称2017U1的前缀改为A/。

前缀“A”，是小行星（asteroid）的代号。由此，A/2017U1便成了第一个曾被命名为彗星的小行星。

其他大望远镜的观测同样支持上述结果。10月底，A/2017 U1的亮度已下降到约23等；到了12月，就连最大的地面和空间望远镜都观测不到它了。从获得的观测数据可以推断，A/2017U1的轨道面与黄道面的交角很大，达122.7°。而且，早在2017年9月9日A/2017U1到达近日点时，轨道来了个急转弯。其时它同太阳的距离只有0.255天文单位，运行速度达到最高：87.7千米/秒，超过已知的任何一个太阳系小天体。

不仅如此，A/2017U1在轨道上的平均运动速度也大大超过太阳系的其他小天体，达到了26.33千米/秒。而以往观测到的一些据信来自奥尔特云的小天体，远离太阳时的运动速度都只有每秒几千米。A/2017U1在离太阳100天文单位以内时，速度比所有内层天体（包括各大行星、冥王星、阋神星等）的轨道运动速度都要大得多。

A/2017 U1如此高的速度不可能来自太阳系，因为它的轨道面与黄道面的交角是如此之大，而且轨道偏心率又是如此之高，在被观测到之前它不可能与太阳系中的任何行星近距交会而获得加速。即使太阳系内还有尚未发现的未知行星，那么也一定距离太阳极远。由开普勒行星运动定律可知，其运行必定极其缓慢，更不可能使A/2017U1的运动加快到如此高速。

因此，A/2017U1只能来自太阳系之外的恒星际空间，而且在进入太阳系之前就已经具备约26.5千米/秒的速度了。换句话说，它是一位以26.5千米/秒的高速闯入太阳系的不速之客!

天文学家动用世界上一些最大的地面光学望远镜，尽可能详尽地观测分析A/2017U1的物理特性。结果显示，A/2017U1的颜色呈暗红，而且亮度有着明显的周期性起伏变化，具有典型的小行星特征。

小天体的形状和自转周期一般是通过对光变曲线的分析和拟合来判断的。在10月25至27日的3天中，A/2017U1的亮度有着约10倍（2.5星等）的大幅度范围，变化周期约7.3小时。一般认为亮度的大范围变化主要起因于这个小天体的形状拉得很长。图4-18是根据推断绘制的一幅艺术构想图。

由观测资料推断此小天体的详情是：

第一，光变周期为7.3小时，意味着A/2017U1正以7.3小时为周期自转着。

第二，亮度变化达10倍左右，意味着A/2017U1的长宽比约为10，即它是一个长度达横截面尺度之10倍的“雪茄”状物体。而且，呈椭球状的A/2017U1必定是绕短

图4–18 A/2017U1艺术构想图（来源：ESA）。

轴自转的，因为如果是绕着长轴自转——像纺纱锭那样转动，亮度的变化就不可能有10倍之巨了。这又进而意味着，A/2017U1在轨道上的前进运动似乎是一种“翻斤斗”式的翻滚！

第三，由上述可知，A/2017U1的物质结构必须是致密的，因为如果是类似彗星物质那样的松散结构，它一定早已在多少万年的自转中“散了架”。据此进一步估算，A/2017U1内部物质的密度应该与太阳系小行星的水平（密度不低于1～2克/厘米^3）相当，因而其组成物质很可能是岩质的或者富含金属的，冰的含量必定很少。

第四，如果用三轴长度比为8∶1∶1的旋转椭球体作为A/2017U1的模型，并认为其表面反照度接近于太阳系小行星的平均反照率（约0.06～0.08），则可估算出A/2017U1长约285米，横截面尺度约35米×35米。另一些模型的估算略有不同，结果约为400米×40米×40米。在太阳系的小行星中，人们还是第一次见到如此“瘦长”的成员呢！

第五，未见此天体的彗星活动性，可推断其表面的可挥发物质已丧失殆尽，有如我们太阳系的岩质小行星或熄火的彗星一般。A/2017U1的表面呈暗红色，与太阳系小行星不一样，这应该是由于它被母恒星系统驱逐之后，又受到恒星际空间中宇宙线辐射的长年轰击，从而形成了一层厚厚的暗红色外壳。

来去匆匆奥陌陌

国际天文学联合会高度认可上述分析和结论，在2017年11月6日发出了第三份“国际天文学联合会（IAU）小行星中心电子公告”，决定将A/2017U1再度更名为星际小天体1I/2017U1：

> 由于这个小天体的独特性，使我们不得不赋予它一个正式的名称。
>
> 最近，IAU的秘书长、F分部主席、小天体命名工作组和小行星中心的共同主席通过电子邮件交流讨论了这一小天体的命名问题，并且已经提出解决此问题的一个方案。将引入一个新的命名系列：“星际小天体（interstellar object）”，用“I-编号序数”来表示，其编号方式与彗星编号系统相似，并由IAU主管的小行星中心（MPC）统一分配。

这个小天体被定名为星际小天体1I/2017U1，其前缀中的字母“I”是恒星际小天体（Interstellar Object）的代号，序号“1”表示是第1例。当然，1I/2017U1还要有一个正式的公众名称。发现者们用发现此天体的所在地夏威夷的当地土语称它为‘Oumuamua，其含义是“第一位来自远方的使者”。奇特的是名称前面有一个类似左单引号的标记（‘）——这是一个发音记号，表示其后的字母发喉塞音。

‘Oumuamua这个名字起得巧妙而贴切，几乎立即就被国际天文学联合会批准，并在11月6日的第三份电子公告中与正式编号名1I/2017U1同时公布。

11月14日，国际天文学联合会发表了第17045号《通告》，在更大的范围确认对1I/2017U1（‘Oumuamua）的命名，引起了全世界科学家和公众的关注。中文媒体也迅速出现了许多相关报道，但一时还没有正式的中文译名，各种报道大多以“星际小行星”“外星来客”“远方信使”等说法相称。

我国的全国科学技术名词审定委员会天文学名词审定委员会随即对‘Oumuamua的中文译名展开热烈讨论，最终宣布以“奥陌陌”作为1I/2017U1（‘Oumuamua）的正式中文名称（图4-19）。这个名称一方面保留了‘Oumuamua原名及其发音的文化特色，

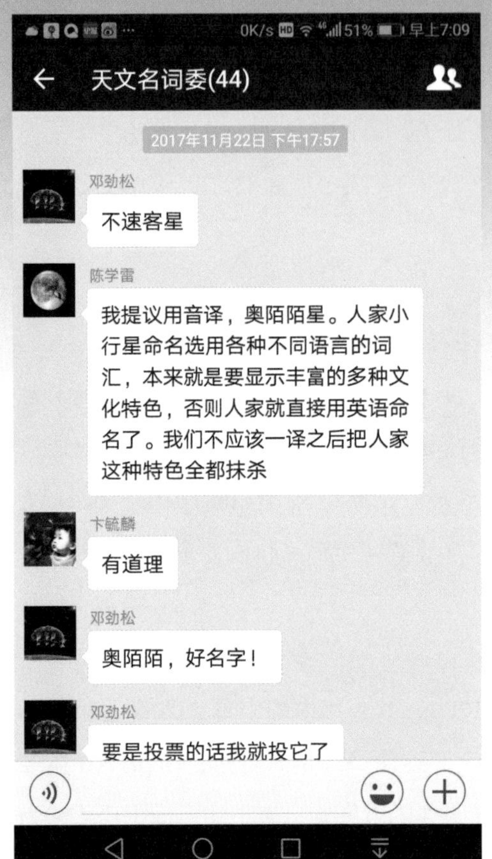

● 图4–19 我国的全国科学技术名词审定委员会天文名词审定委员会的委员们讨论'Oumuamua中译名时的部分微信原始记录。

另一方面中文的“奥”字具有莫测之意，“陌”字也有远方来客的含义。不几天，“奥陌陌”这一中文名也传遍了全世界。

那么，“奥陌陌”这个不速之客究竟来自何方，又去向哪里呢?

“奥陌陌”是从黄道面之上进入太阳系的，太阳的引力使它加快到最大速度87.7千米/秒。穿越黄道面后，它来了一个急转弯向上，9月9日到达近日点，此时距离太阳比水星最接近太阳的距离还要近约17%。此后它开始飞离太阳系的航程，航向与其进入太阳系时的方向偏离约66°。

10月14日，奥陌陌在地球轨道的下方穿过，其时距离地球最近，只有0.1616天文单位（约2400万千米）。10月16日回到黄道面的上方，11月1日在火星轨道上方越过。此后将在2018年5月越过木星轨道，2019年1月越过土星轨道，2022年越过海王星轨道。奥陌陌在飞越地球轨道时，速度已降至49.7千米/秒，但这仍高于地球轨道处的太阳系逃逸速度（42.1千米/秒），因此它最终还是要飞离太阳系。

在飞离太阳系时，它的视位置大致在飞马座的方向，速度则逐渐减慢到26.3千米/秒，与它进入太阳系前的速度相同（图4–20）。约2万年以后，它将最终脱离太阳系。

奥陌陌来得突然，去得匆匆。天文学家还没能更详细地端详，它就踪影全无了。

奥陌陌是一颗“星际小行星”。对于星际小行星的存在，虽然在理论上早有推

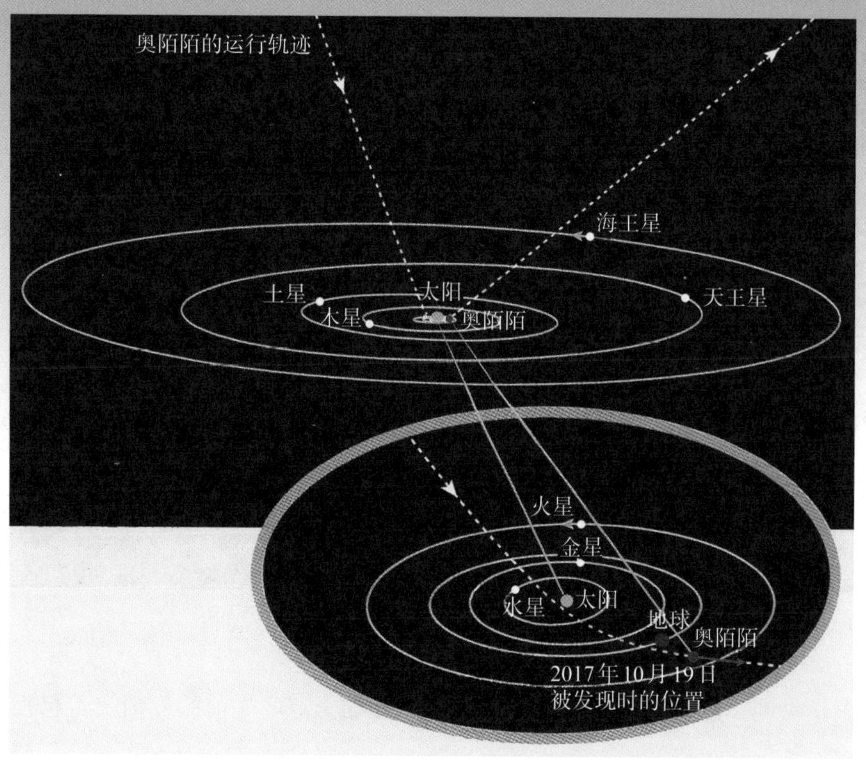

● 图4–20　奥陌陌的运行轨迹。其中红色实线部分有观测数据，虚线部分为外推计算所得。

测，但此前还从未切实发现过。正是奥陌陌留下的那些蛛丝马迹，为人类开启了一扇探测星际小行星的太空之窗！

又一位星际来客

奥陌陌留给我们的问题远远多于已知的答案。人们深深期盼下一位太阳系外来客早日光临。

非常幸运，奥陌陌离去不足两年，2019年8月30日凌晨破晓前，克里米亚有一位名叫格纳迪·鲍里索夫（Gennady Borisov）的业余天文学家就用他自制的望远镜发现了后经确认的第二个太阳系外来客。

没有人知道这位客人的老家究竟何在，也没有人知道它在浩渺的星际空间漂

● 图4–21 哈勃空间望远镜拍摄的鲍里索夫星际彗星图像。

泊了多长时间，但它很快就成了天文学家关注的焦点。先前的奥陌陌看起来像是一块岩石，这第二位太阳系外来客则更像是一颗彗星。尽管它来源奇特，外观和行为却都与太阳系中的普通彗星很相似，因此国际天文学联合会起初将它命名为C/2019Q4。哈勃空间望远镜拍摄了该天体的图像，清楚地展示出彗核周围蓬松的尘埃（图4–21）。

世界各地的大型天文望远镜纷纷追随，天文学家根据这个天体的运动轨道，肯定它必定来自太阳系外。美国天体力学家卢克·多恩斯（Luke Dones）充满激情地说道："我的整个职业生涯基本上就是一直在等待这样的事件，最后竟然成真兑现，这实在令人兴奋不已。"

于是，如同奥陌陌的命名一般，国际天文学联合会重又将这个天体命名为2I/Borisov。前缀中的字母"I"是恒星际小天体的代号，序号2表明它是第2例，Borisov则是发现者的名字，以对他表示敬意。2I/Borisov的中文名确定为"2I/鲍里索夫"或"鲍里索夫星际彗星"，又常简称为"鲍里索夫彗星"。

也许，关于鲍里索夫彗星最不平凡的一件事就是：它看起来竟然是那么平凡，它与我们太阳系内的彗星非常相似，表面覆盖着富含碳的尘埃，略呈淡红色，物质组成成分也很像太阳系的彗星。天文学家大致估算出深埋在气体和尘埃晕中的彗核大小：其尺度很可能介于0.8～3.2千米之间，或者更简略地说，就是2千米光景。

奥陌陌的发现者之一天文学家凯伦·米奇认为，虽然我们已经对鲍里索夫彗星的路径有充分的了解，足以确认它来自星际空间，但它在太空中的确切路径仍然存在不确定性。人们看到的是“大量但非常不准确的数据”，“这并不是因为大家都很马虎，而是要测量模糊天体的确切中心位置确实相当困难。”

鲍里索夫彗星受到太阳光加热时，从其表面飞出的尘埃和气体起着同火箭喷射气体一样的作用，这会使彗星的运动轨道略为改变。要想在计算中纳入这些非引力因素，绝对不是一件容易的事情。因此，天文学家马克·布伊（Marc Buie）才会叹息：“我非常、非常地怀疑我们现在就有能力知道它的起源之地。”

鲍里索夫彗星在2019年12月经过近日点，2020年或更长的一段时间内，它将一直在夜空中。科学家们提出不少计划，用世上最大型的天文望远镜进行观测。不过，这一次不会像1985年发送“乔托号”飞船探测哈雷彗核那样派遣“敢死队”前往鲍里索夫彗星了。因为目前还没有足够强大的火箭，可以将宇宙飞船发送到鲍里索夫彗星。

天文学家预计，正在智利兴建的大口径全天巡视望远镜（简称LSST）将能探测到更多的星际来客。而且，它或许还能更快地探测到星际天体正在接近我们，从而争取到更多的观测时间，甚至让人们有机会去实地造访。欧洲空间局已于2019年6月宣布，拟在2028年发射“彗星拦截器”（Comet Interceptor），它将停靠在地球外待命，以备飞掠新来的太阳系彗星，乃至下一颗星际彗星。

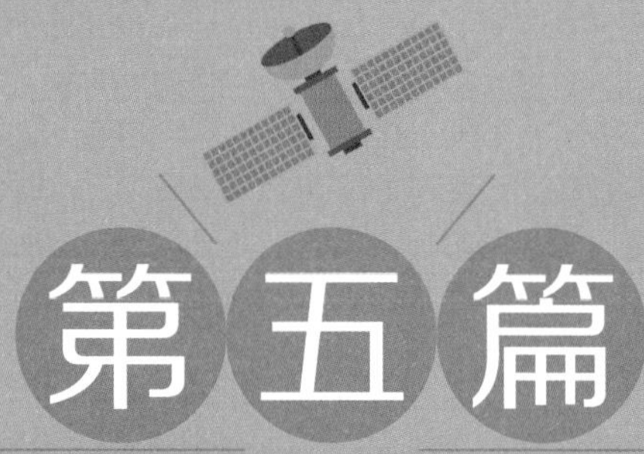

第五篇

太空电波话今昔

央斯基的“旋转木马”。

第一章　早年的射电天文学

从央斯基到雷伯

本书第三篇“望远镜中新天地”第四章中“大气的‘窗口’”一节，已提到卡尔·央斯基其人。1905年10月22日，央斯基出生于美国俄克拉何马州的诺曼。他父亲是定居美国的捷克后裔，是威斯康星大学的一名教授。卡尔在威斯康星大学取得物理学学士学位，毕业后留校任教一年。1928年，他到著名的贝尔实验室工作（图5–01）。那时，长途无线电话刚开通运营不久。从伦敦打长途电话到纽约，3分钟时间要收费75美元，而且通话不时会遭到电磁干扰。央斯基被指派研究短波无线电通信的天电——来自天空的无线电波——干扰问题。后来知道，这些干扰来自大气中的雷电、太阳耀斑爆发引起的地球电离层扰动，以及宇宙中各种天体的无线电辐射。

● 图5–01　卡尔·央斯基在贝尔实验室工作（来源：NRAO）。

1931年12月，央斯基研制了一台由天线阵和接收机组成的设备。天线阵长30.5米，高3.66米，下面安装4个轮子，能在圆形的水平轨道上每20

分钟旋转一周，故被昵称为“旋转木马”。他在14.6米的工作波长上进行探测，发现了两种天电干扰信号，一种由附近的雷暴引起，另一种由远处的雷暴经电离层反射而来。

1932年1月，央斯基又发现一种相当微弱但稳定的噪声信号，来源不明。他发现，这个噪声源在天空中的方向时时都在变化，近乎24小时绕行一周天。同年，央斯基在《无线电工程师研究会报》上公布了这一发现，认为这种天电噪声很可能来自太阳。但是，当他继续跟踪监测时，发现这个噪声源却离太阳越来越远了，但它对应于星空背景的某个固定区域。最后，央斯基断定，这些信号其实来自银河系中心方向。1932年12月，贝尔实验室向新闻界通报这一发现，《纽约时报》在头版作了报道。

1950年2月14日，45岁的央斯基因心脏病卒于新泽西州的雷德班克。为了纪念他，后人决定将天体射电流量密度的单位称为“央”。不过，央斯基生前并未继续开拓射电天文学这一学科领域，他更感兴趣的是工程部分。在最初几年内，天文学家也未深入地探索央斯基的发现。只有一位名叫格罗特·雷伯（Grote Reber）的天文爱好者，单枪匹马地干了起来。

雷伯1911年12月22日出生于美国伊利诺伊州的惠顿，15岁时已热衷于无线电收发报活动。他在大学时代曾尝试向月球发射无线电波，并试图接收从月球反射回来的回波。但是，他失败了。直到第二次世界大战之后，美国通讯兵投入大笔资金才做到了这一点。

当央斯基发现来自银河系中心方向的射电辐射时，雷伯刚从伊利诺伊州理工学院毕业不久，在芝加哥的一家公司工作。他对央斯基的发现极感兴趣，便向贝尔实验室提出，很希望能与央斯基一起研究天体的射电辐射，但未能如愿以偿。

其实，央斯基的“旋转木马”还算不上是真正的射电天文望远镜，雷伯则决心利用业余时间实现这一目标。1937年，他在一位铁匠的帮助下，在自家的后院建成一个口径9.45米的碟状抛物面天线。天线的底盘是木制的，表面覆盖镀锌的铁皮，其工作波长为1.87米。有几年时间，雷伯实际上是世界上唯一的射电天文学家。直到第二次世界大战结束，他的这架仪器仍是世上唯一的一台射电望远镜。

● 图5–02 美国格林班克国家射电天文台陈列的雷伯射电望远镜复制品。

1938年，雷伯开始有目的地接收来自宇宙的射电波，并确认了央斯基的发现。1940年，美国著名的《天体物理学报》刊出他报道探测结果的文章。这是在学术刊物上发表的第一篇射电天文学论文。1941年，雷伯用他的这架望远镜进行首次射电天文巡天观测，在人马座、天鹅座和仙后座中各发现一个很强的射电源，并绘制了人类历史上第一幅银河系射电天图。

1947年，雷伯把他的这架射电望远镜给了美国国家标准局。此后，他将观测地点转移到夏威夷，然后又转移到澳大利亚。如果说央斯基催生了射电天文学的话，那么这门学科的幼年却是靠雷伯独自哺育的。

2002年12月20日，雷伯在澳大利亚的塔斯马尼亚岛与世长辞。如今，央斯基的“旋转木马”和雷伯的射电望远镜都已成为文物，陈列在美国格林班克国家射电天文台（图5–02）。

发现太阳射电

同光学望远镜类似，射电望远镜的分辨率也与它的口径成正比，而与所接收的射电波的波长（即工作波长）成反比。射电波的波长是可见光波长的10^4～10^7倍，因此早期射电望远镜的分辨率比光学望远镜低得多。通常，分辨率用分辨角（望远镜能分辨的最小角度）的倒数来表示，分辨角越小，分辨率就越高。

雷伯那架射电望远镜的分辨角约为14°，当它指向天空接收射电信号时，倘若有两个射电源彼此间的角距离小于14°，那就分辨不清信号究竟来自它们之中的哪一个了。分辨率太低这一缺陷，曾经严重限制了射电望远镜的应用。

尽管如此，射电天文学在它的童年还是取得了一些重要成果。其中之一就是发现了太阳射电。第二次世界大战期间，英国利用雷达技术侦察来犯的德国飞机，成效显著。但是，在1942年初，英国人发现自己的雷达受到干扰：在空中并没有飞机的时候，雷达还是接收到了微波。这引起了英国政府和军方的高度重视：要是德国人已经有办法干扰雷达信号，那么英国空军就很难从假象中辨明真相了。

英国政府指派物理学家海伊（James Stanley Hey）等测定干扰的来源。1942年6月，海伊等人利用工作波长4～6米的雷达，研究所受的强烈干扰，结果发现它来源于太阳。这是人们首次探测到来自一个明确可见的天体的微波，太阳也成了首先被确定的宇宙射电源。

海伊的发现，不仅查明了那些微波来自太阳。更重要的是，他还发现来自太阳的微波似乎与太阳耀斑相联系。通常，太阳可见光波的能量来源，是太阳内部猛烈的热核反应，即使有时候某些局部过程会使光波略有增减，但其影响同太阳辐射的总光能相比毕竟微乎其微。同太阳释放的可见光波相比，太阳释放的微波能量是很少的。但是，这些微波与太阳活动相联系，因此其总量往往会发生很显著的变化。太阳上就可见光而言一些较小的事件，往往可以在微波波段敏锐地凸显出来。

后来，天文学家通过进一步的观测知晓，在太阳活动较弱的期间，射电辐射变化缓慢；而在太阳出现强烈扰动期间，则会发生与耀斑密切关联的射电爆发。同时，太阳还有稳定的射电辐射——即太阳射电的宁静成分。1946年，加拿大的天文学家还发现，太阳射电也像黑子活动那样，具有11年的变化周期。就这样，新兴的太阳射电天文学诞生了。

银河系的旋涡结构

早期射电天文学取得的另一项重要成果，是发现了银河系内中性氢原子的波长21厘米的射电辐射。

早在1938年，荷兰天文学家奥尔特已根据光学天文观测资料，推断银河系存在旋涡结构。但是，银道面附近尘埃云密布，严重阻碍了光波的传播，给天文观测造成很大的困难。然而，无线电波却能够穿透尘埃，从而有望为探明银河系的结构提供一条新的途径。因此，奥尔特建议他的研究生范德胡斯特（Hendrik Christoffel van de Hulst）先从理论上探寻可供观测的射电谱线（有如无线电波段的“光谱线”）。后来，范德胡斯特发现，银河系内广泛分布的中性氢原子应该发出波长21厘米的射电辐射。这是射电天文学发展史上第一个重大的理论突破。

1951年，美国、荷兰和澳大利亚的天文学家先后观测到来自银河系的21厘米波长射电谱线信号，并由此催生了射电天文学中的一个重要分支——射电频谱学。

探测21厘米射电谱线，对于研究银河系的结构意义重大。奥尔特组织荷兰天文学家同澳大利亚的天文学家协作，分别在北半球和南半球进行观测，探明了中性氢在银河系内的分布状况。他们于1958年联合成功绘制银河系内中性氢的分布图，从图上可以清晰地看出银河系的旋涡结构（图5-03）。这实在是一项用光学望远镜无法取得的辉煌业绩。

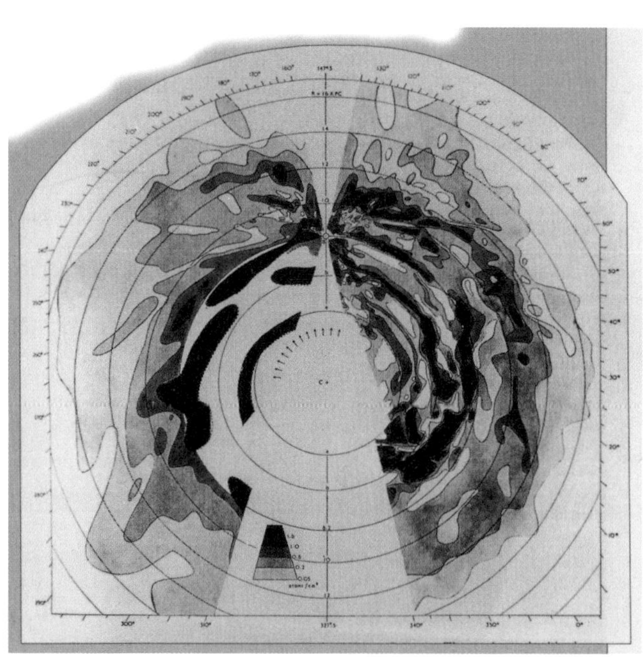

● 图5-03　根据中性氢的分布推断的银河系结构图，画面中央是银河系中心。左侧由澳大利亚天文学家完成，右侧由荷兰天文学家完成，两者的结合部呈现出非常合理的一致性。

赖尔的卓越创新

1940年9月，第二次世界大战正酣，强大的德国空军疯狂地扑向伦敦。数量上远不如敌人的英国皇家空军奋起抗击，在刚研制成功的秘密武器——雷达的帮助下大败德军。希特勒（Adolf Hitler）只知道狂轰滥炸，却不明白轰炸目标应该是对方的雷达站。

微波技术因与雷达密切相关而迅速发展，这为研制射电望远镜铺平了道路。第二次世界大战结束后，为战时服务的许多雷达工程师将原先的雷达改装成射电望远镜，投入了射电天文学研究。射电望远镜技术由此取得了长足进步，其中英国人马丁·赖尔（Martin Ryle）做出的贡献尤为卓著。

20世纪40年代中期，为了改善单天线射电望远镜分辨率太低的缺陷，赖尔首创了双天线射电干涉仪。这种射电望远镜用相隔一定距离——称为“基线”——的两面天线同时观测同一个射电源，把接收到的两组射电波信号输入处理器，使它们发生干涉（图5-04）。由此取得的分辨率等效于一架口径同上述基线长度相当的单天线射电望远镜，这使射电天文观测的分辨率有了大幅度的提高。

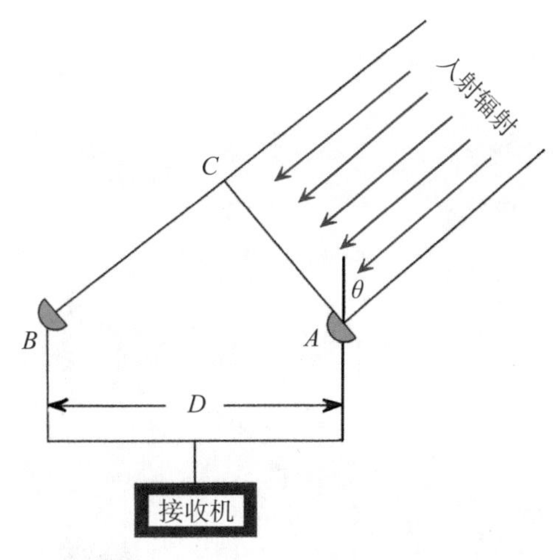

● 图5-04 双天线射电干涉仪示意图。A、B是两面天线，基线长度为D，射电辐射入射角为θ。

1955年，赖尔又建成一台四天线射电干涉仪，并用它进行广泛的巡天探测。1959年，他刊布了著名的《剑桥第三射电星表》，简称3C星表。许多非常著名的射电源，至今仍以其在3C星表中的编号命名，例如最早发现的类星体3C48和3C273等。

以干涉仪原理为基础，赖尔还提出了“综合孔径射电望远镜”的崭新概念，从理论上解决了射电观测如何成像的难题。1954年他设计了一个实验方案，验证了综合孔径原理的正确性。1960年，他又用3面直径18米的抛物面天线，组成一个综合孔径射电望远镜，其工作波长为1.7米，等效口径达1.6千米，取得了分辨角为4.5′的射电图像。赖尔的这项工作，为日后研制大型综合孔径射电望远镜奠定了坚实的基础。

为了探测更微弱的射电源——人们常将它们喻为隐藏在太空深处的“电台”，天文学家必须研制更大的射电望远镜。1950年，英国天文学家阿尔弗雷德·查尔斯·伯纳德·洛弗尔（Alfred Charles Bernard Lovell）提议建造一架天线口径达76米的全可动大型射电望远镜。1957年，这架几乎可以指向天空任何方向的射电望远镜在曼彻斯特市以南的焦德雷尔班克落成，它高达89米，总重3200吨。直到1971年，它一直处于世界领先地位。1987年，在庆祝其落成30周年之际，此镜被重新冠名为洛弗尔射电望远镜（图5-05）。

澳大利亚于1958年开始建造天线口径64米的全可动射电望远镜，历时两年半顺利完成，坐落在帕克斯镇附近。它与上述的英国76米射电望远镜互相配合，观测范围可以覆盖整个天空。

总之，在20世纪50年代，射电频谱学诞生了，各种射电干涉仪相继问世，大型单天线射电望远镜也开始成为现实。射电望远镜可以不受昼夜阴晴的限制，进行全天候的观测（仅波长最短的微波除外），往往能发现在可见光波段见不到的现象。到了20世纪50年代末，高歌猛进的射电天文学已经呈现出一派欣欣向荣的景象。更丰硕的成果，例如20世纪60年代射电天文学的“四大发现”，已经呼之欲出了。

● 图5-05 英国焦德雷尔班克口径76米洛弗尔射电望远镜。

第二章 20世纪60年代“四大发现”

20世纪60年代，射电天文学迎来了它的黄金时代，所谓的“四大发现”——即类星体、星际有机分子、宇宙微波背景辐射以及脉冲星，就是当时取得的最突出的成果。

类星体之谜

射电望远镜在天空中搜索到大量的射电源，它们究竟是些什么样的天体？能不能借助光学望远镜进一步看清它们的真面目？20世纪50年代末，天文学家的这种愿望变得越来越迫切了。

虽然不少射电源不难辨认，但认清其本质却并不容易。1960年，美国天文学家桑德奇（Allan Rex Sandage）和加拿大天文学家马修斯（Thomas Arnold Matthews）使用帕洛玛山天文台的5米海尔望远镜，首次在照相底片上找到一个位置恰好与射电源3C48相吻合的恒星状天体。1962年，英国天文学家哈泽德（Cyril Hazard）又识别出射电源3C273的位置与一个视星等为13等的恒星状天体密切吻合。人们陆续发现了好些这样的天体，奇怪的是它们的光谱很特别，其中的光谱线先前在任何恒星光谱中都从未见过。

1963年，旅美荷兰天文学家马丁·施密特（Maarten Schmidt）也用那架5米望远镜拍摄3C273的光谱，并成功地辨认出那些奇怪的光谱线其实就是人们熟知的氢原子产生的谱线，但是它们的红移量大得出奇，达到了0.158（图5-06）。3C48也与此

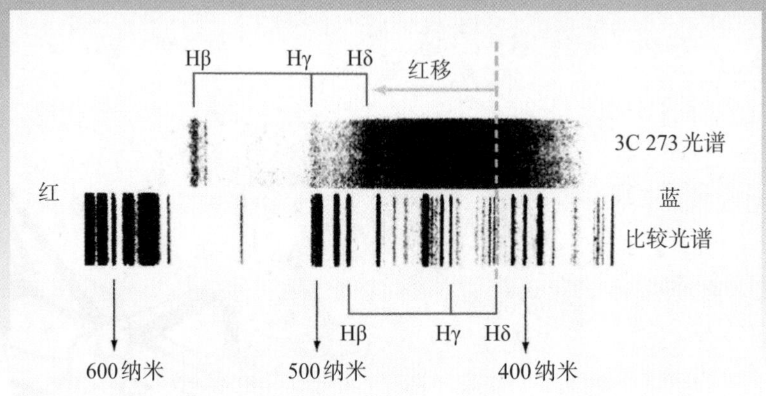

● 图5–06 类星体3C273的光谱线红移。图中的比较光谱表明当光源静止不动时，相应的谱线在光谱中所处的位置。

相似，其光谱线的红移量更是达到了0.367。这使原本位于光谱紫端的那些谱线位移到了光谱的红端甚至红外区。起初天文学家对此皆深感茫然，是施密特的发现解开了困扰他们达3年之久的这个谜团。

1965年，桑德奇又发现有些天体并不发出射电波，但其光谱线也同样有巨大的红移。最后，人们将这两种（即发射或不发射无线电波的）似星非星的天体统称为“类星体”。类星体是前所未知的一类全新的天体。到20世纪末，天文学家发现的类星体已经数以万计。

类星体光谱线的巨大红移是如何造成的？倘若认为这种红移起因于多普勒效应，那么类星体的退行速度就必定高达每秒几万千米。例如，3C273的红移量是0.158，相应的退行速度达到47 000千米/秒，由哈勃定律可以推断它距离我们几乎远达20亿光年。再如，一个红移量为5.0的类星体，其退行速度将超过光速的9/10，即超过270 000千米/秒，根据哈勃定律可知，这个类星体同我们的距离超过100亿光年。

然而，问题来了。类星体如此遥远，从地球上看去居然仍然亮得足以拍摄到它们的光谱，由此可以推断，一个类星体所辐射的光能量甚至比一个巨大的星系还要多。可是类星体看上去却只是一个恒星似的小光点，在那么小的体积中，怎么能产生那么多的能量呢？这就是所谓的“类星体能源之谜”。

于是有人质疑了：类星体当真如此遥不可及吗？

要是类星体实际上并不那么遥远，而是处于我们银河系之内，那么按其视亮度推算，其发光能力就与寻常的恒星相差无几了。然而，如此一来，类星体光谱线的巨大红移又当作何解释呢？

天文学家为此争论了很久。如今，多数天文学家已认同，类星体确实并非恒星，而是星系一级的天体。类星体的红移的确表明它们非常遥远，“类星体能源之谜”的答案则是：在类星体的中央，存在着一个超大质量的黑洞——质量可达太阳的10亿倍！当黑洞四周的物质受到其强大的引力作用而沿着螺旋线轨迹向此黑洞下落时，就会释放出如人们所见的极其可观的巨额能量。

星际有机分子

20世纪30年代，天文学家开始发现，星光通过星际物质后，某些波长的光被吸收了。

20世纪40年代，人们已经在恒星光谱中辨认出由星际空间中的甲川分子（CH）、氰基分子（CN）和甲川离子（CH^{+}）产生的吸收线。甲川分子由一个碳原子和一个氢原子组成，它丧失一个电子就变成带正电的甲川离子。氰基分子由一个碳原子和一个氮原子组成。

许多分子的谱线并不在可见光的范围内，而是在射电波段。20世纪50年代，美国物理学家查尔斯·哈德·汤斯（Charles Hard Townes）从理论上计算了17种可能存在的星际分子的射电谱线波长。1963年，美国天文学家桑德尔·温雷布（Sander Weinreb）等探测到星际空间的羟基分子（OH）产生的波长18厘米的射电吸收谱线。1968年，汤斯探测到来自银河系中心方向的波长约1.3厘米的氨分子（NH_3）射电谱线。后来，人们又发现了水分子（H_2O）的射电辐射。这些发现使科学家们研究星际分子的热情大为高涨。

1969年3月，天文学家在星际空间探测到甲醛（H_2CO）分子的射电吸收谱线，从而发现了第一种星际有机分子。后来又相继发现星际空间中的一氧化碳（CO）、

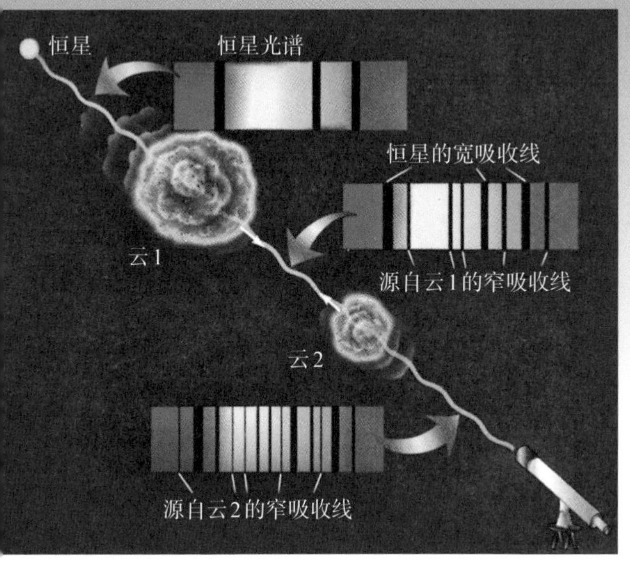

● 图5-07 星际云的吸收在恒星光谱中的反映。恒星光谱中，因星际云1的吸收而增添了一些窄吸收线，又因较小的星际云2的吸收而增添了较暗的窄吸收线。

甲酸（HCOOH）、氢氰酸（HCN）、乙醇（C_2H_5OH）、甲醇（CH_3OH）等有机物质的分子。如今探测到的星际分子总共已有100多种，其中绝大多数都是有机分子。问题是：星际空间中为什么会有种类如此众多的有机分子？它们又是怎样形成的呢？人们曾经想象，弥漫星际介质中的紫外辐射几乎能使任何分子瓦解。但事实上这些有机分子却奇迹般地幸存下来了，这又是为什么呢？

在整个银河系的对称平面——即银道面附近，存在着许多星际云（图5-07），它们由尘埃和气体组成。在星际云中，尘埃颗粒的表面吸附着各种各样的原子，这些原子相互结合，形成比较简单的分子。后来，这些分子渐渐脱离了尘埃表面，散失到太空中。当初促使这些分子形成的尘埃颗粒，这时再次帮了忙：它们挡住了大部分的紫外线，使比较简单的分子免遭紫外线的袭击而保存了下来。在星际云的“保护”下，这些简单分子进一步发生各种化学反应，逐渐形成较大的分子。不过，根据这种理论推算得出的各种星际分子，特别是大的有机分子，数量似乎并不如实际存在的那么多。因此，科学家们仍在继续追究：星际分子，特别是那么多较大的有机分子，究竟是从哪里来的？

发现星际有机分子，催生了星际化学这个天文学的新分支。原来，茫茫太空中不仅存在着简单的无机物，而且还有复杂的有机物。有的星际有机分子所含的原子数目多达10个以上，兼之星际物质中又有水分子、氨分子以及硫化碳、硫化羰（OCS）等硫化物，因而星际空间就有可能存在、并且已经发现了某些氨基酸。这样就为研究生命起源提供了新材料和新途径，使天体演化与生命起源问题联系起来了。

宇宙微波背景辐射

由伽莫夫等人于1948年建立的宇宙大爆炸理论，有一项重要的预言：宇宙早期温度极高的热辐射，在经历了多少亿年之后，如今应该冷却到了仅为绝对温度区区几开，利用射电望远镜应该可以在厘米波段和毫米波段探测到它的痕迹。但是，在长达10余年之久的时间里，伽莫夫等人的这一预言，基本上被其他科学家遗忘了。

1964年，美国贝尔实验室的两位无线电工程师阿尔诺·阿兰·彭齐亚斯（Arno Allan Penzias）和罗伯特·伍德罗·威尔逊（Robert Woodrow Wilson）研制了一台号角状的天线（图5-08），为的是查明干扰通信的天空噪声来源，以改善“回声号”人造卫星的远程通信状况。这台天线的噪声很低，方向性又强，因此也很适合于进行射电天文观测。

● 图5-08　1989年美国内政部将彭齐亚斯和威尔逊的号角状天线确定为“国家历史里程碑”。

彭齐亚斯和威尔逊在波长7.35厘米的微波波段，用他们的号角状天线进行测量。结果发现，无论将天线指向何方，在扣除了所有已知的噪声来源（例如地球大气、地面辐射、仪器本身的因素等）之后，总还存在着某种来路不明的残余微波噪声，其强度与约3.5开的黑体辐射相当。这种微波噪声是各向同性的，且不随昼夜和季节而变化。彭齐亚斯和威尔逊对此颇感意外，一时间也不明白它的起因。

当时，普林斯顿大学的罗伯特·亨利·迪克（Robert Henry Dicke）和詹姆斯·皮布尔斯（Phillip James Edwin Peebles）等人从理论上计算出大爆炸遗留下来的这种宇宙背景辐射的温度应为10开左右。他们也在研制一架工作波长为3.2厘米的射电望远镜，打算用它来搜寻这种辐射遗迹。当他们同贝尔实验室的科学家交流情况后，事情就变得很清楚了：原来，彭齐亚斯和威尔逊发现的“来路不明的”多余噪声，恰好是迪克和皮布尔斯等人想要寻找的东西——宇宙微波背景辐射。

几个月后，迪克领导的普林斯顿小组在3.2厘米的工作波长上测到了温度约3开的背景辐射，从而证实了彭齐亚斯和威尔逊的发现，并表明宇宙微波背景辐射的能量分布与黑体辐射相吻合。于是，1965年在美国著名的《天体物理学报》上同时刊登了两篇论文：彭齐亚斯和威尔逊公布了自己的发现，迪克和皮布尔斯等的论文则从理论上阐明这种温度为3开的宇宙微波背景辐射正是大爆炸残留下来的遗迹。

后来，更多的观测结果在更宽阔的波段范围内完全证实了宇宙背景辐射的存在，并对其特征有了更详尽的了解。大爆炸宇宙论由此而获得普遍公认。1978年，彭齐亚斯和威尔逊因发现微波背景辐射而荣获诺贝尔物理学奖。

1989年，美国发射了“宇宙背景探测器”卫星（简称COBE，图5–09）。根据COBE卫

● 图5–09 宇宙背景辐射探测器（COBE）形象图。

星取得的观测数据，人们得知宇宙微波背景辐射的强度随波长的分布非常接近于标准的黑体辐射谱，相应的黑体温度为2.735±0.016开。宇宙微波背景辐射就大范围而言是十分均匀的，但在小范围内在不同方向上却存在着极细微的温差。宇宙早期这种极微小的不均匀性，在日后不断增长，成为形成星系和恒星的“种子”。2006年，COBE项目的两位主角马瑟（John Cromwell Mather）和斯穆特（George Fitzgerald Smoot Ⅲ）因此而荣获诺贝尔物理学奖。

COBE的成就促进了许多新项目的实施。例如，美国于2001年6月30日发射的“威尔金森微波各向异性探测器”（简称WMAP），角分辨率要比COBE高出15倍以上，它被冠名威尔金森是表达对宇宙微波背景辐射专家戴维·托德·威尔金森（David Todd Wilkinson）的敬意。2009年，欧洲空间局为观测研究宇宙微波背景辐射，又发射了“普朗克空间望远镜”。它以德国著名理论物理学家马克斯·普朗克（Max Karl Planck）冠名，其灵敏度和分辨率都比WMAP更高。

人们在回顾研究微波背景辐射的历程时经常感慨：要是没有迪克和皮布尔斯等人的阐释，彭齐亚斯和威尔逊将很难在短时期内弄清自己究竟发现了什么。因此，他们荣获的1978年诺贝尔物理学奖似乎也该有迪克的一份。当马瑟和斯穆特荣获2006年的诺贝尔物理学奖时，人们又追忆起迪克和皮布尔斯的重要理论贡献。迪克已经于1997年去世，皮布尔斯早先就是在迪克的指导下，于1962年取得了普林斯顿大学的博士学位。在此后半个多世纪中，皮布尔斯对宇宙学的许多方面——包括原始核合成、暗物质、宇宙微波背景辐射、宇宙中结构的形成等关键问题，都做出了卓越的理论贡献。为此，他在84岁高龄时获得了2019年诺贝尔物理学奖的一半（图5-10）；另外一半由瑞士日内瓦大学的两位天文学家米歇尔·马约尔（Michel Mayor）和迪迪埃·奎洛兹（Didier

图5-10 美国物理学家和理论宇宙学家詹姆斯·皮布尔斯，因对物理宇宙学做出重要理论贡献而荣获2019年诺贝尔物理学奖。

Queloz）分享，原因是他们对发现“系外行星”——太阳系外其他恒星周围的行星——做出了开创性的贡献。

脉冲星和中子星

星星在晴朗的夜空中“眨眼睛”，是因为地球大气的抖动干扰了星光的传播，导致星像闪烁。同样，小角径射电源发出的射电波，在传播途中受到介质密度起伏的影响，也会导致观测者接收到的射电流量忽强忽弱。这种现象称为射电源闪烁。由行星际介质的密度起伏导致的闪烁，称为射电源的行星际闪烁。测量行星际闪烁，可以推断河外射电源的角径等物理量。

20世纪60年代，英国天文学家安东尼·休伊什（Antony Hewish）为了测量行星际闪烁，专门研制了一台射电干涉仪。它的低频天线阵占地面积达18 000平方米，工作波长为3.7米。正因为天线阵的接收面积巨大，所以它非常灵敏。同时，这台射电干涉仪的时间分辨率也很高，能够捕捉和记录非常迅速的闪烁。

1967年7月，休伊什24岁的研究生乔斯林·贝尔（Jocelyn Bell）女士开始用这台仪器进行巡天观测。她在巨量的观测记录中发现有一个源很神秘：它发来的信号几乎完全由射电脉冲组成。贝尔向休伊什作了汇报，并继续跟踪观测。同年11月，他们已经确定：这个名叫 PSR 1919+21的射电源正以1.337秒的极精确的周期发出射电脉冲（图5-11）。这就是人们发现的第一颗脉冲星。1968年，休伊什和贝尔等人在英国著名科学刊物《自然》上宣布了这项发现。

新发现的脉冲星不断增多，脉冲周期也各不相同。它们究竟是一些什么样的天体？1968年，美国天文学家托马斯·戈尔德（Thomas Gold）指出，脉冲星其实就是天文学家巴德（Walter Baade）和兹维基早在1934年就预言存在的中子星。更具体地说，是快速自转着的中子星。它依靠消耗自身的自转能量而发出辐射，因此自转会逐渐变慢，辐射脉冲的周期也会缓慢地变长。

中子星为什么会产生脉冲辐射？这与中子星的表面具有极强的磁场密切相关。在如此强大的磁场中，在中子星磁极附近高速运动的带电粒子会沿着磁轴方向往外

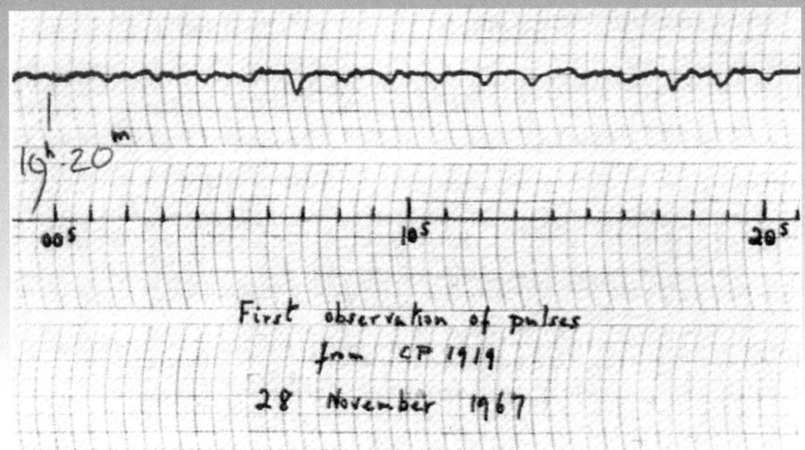

● 图5–11 脉冲星PSR1919+21的脉冲信号。它是首次记录到的射电脉冲星，虽然其各个脉冲信号的强度并不完全相同，但相邻脉冲之间的时间间隔保持不变。

发出射电辐射。当中子星的磁轴和自转轴的方向并不一致时，沿磁轴方向发出的辐射束就会像大海上的灯塔那样扫过周围的空间（图5–12）。倘若辐射束正好扫过地球，那么每扫过一次，地球上的探测器就会接收到一次脉冲。因此，人们常将脉冲星的辐射机制称为"灯塔效应"。由此也可知，脉冲星的脉冲周期实际上就是中子星的自转周期。

● 图5–12 中子星的自转和辐射束示意图。

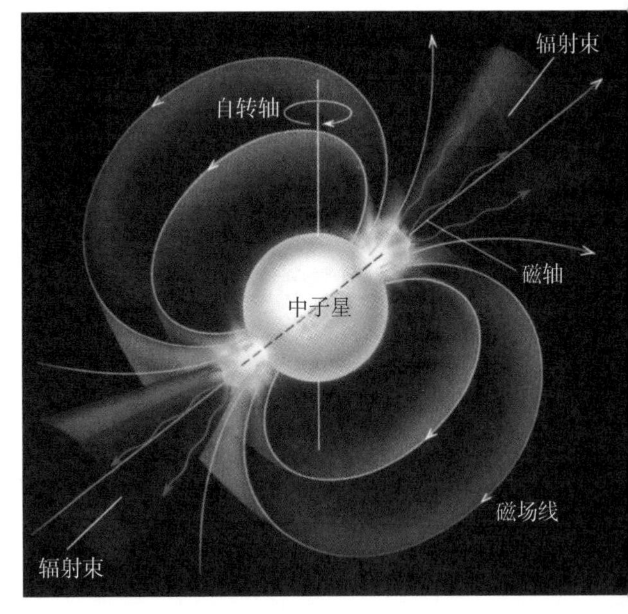

1968年，天文学家发现了两颗特别重要的脉冲星。一颗位于蟹状星云中心，其脉冲周期只有0.033秒。另一颗位于船帆座超新星遗迹中，脉冲周期为0.089秒。这样短的脉冲周期明确无误地表明，脉冲星的实体的确就是快速自转的中子星。同时，短周期脉冲星与年轻超新星遗迹的位置相吻合，又有力地佐证了中子星是在超新星爆发中形成的。

1974年，休伊什因发现脉冲星而获得诺贝尔物理学奖。多年来，不时有人为乔斯林·贝尔未能分享这项殊荣而鸣不平。贝尔女士本人对此却很淡然。她为科学做出的贡献和面对荣誉的谦逊态度，深深地获得了人们的尊敬。

脉冲星有两类：一类称为“正常脉冲星”，其脉冲周期是“秒”级的，例如第一颗脉冲星PSR 1919+21的脉冲周期就是1.337秒；另一类是“毫秒脉冲星”，其脉冲周期短到以毫秒计，例如1982年阿雷西博天文台发现的第一颗毫秒脉冲星PSR 1937+214，脉冲周期仅为1.558毫秒。上面提到的蟹状星云中心的那颗脉冲星也是毫秒脉冲星，脉冲周期33毫秒。

虽然脉冲星的脉冲周期非常稳定，但是相隔较长一段时间之后再进行精密的测量，天文学家还是发现了脉冲周期的微小变化：基本的趋势是周期变长，这表明中子星自转的基本趋势是逐渐变慢。实际上，脉冲星辐射能量的来源，正是中子星所消耗的自转能量。如果事态照此不断发展下去，那么中子星的自转就会越来越慢，到了最后，脉冲星就不再发出辐射，它“死了”。

然而，有一部分脉冲星比较幸运，它们旁边另外还有一颗恒星，这就是双星中的脉冲星。这些脉冲星如果同边上那颗恒星的距离足够近，就会吸积对方的物质。在吸积物质的过程中，脉冲星的自转会越来越快，脉冲信号的周期随之变短，并且渐趋稳定。可以说，它们是依靠另一颗星的能量来抵抗“衰老”，渐渐地从“正常脉冲星”演变成为一颗毫秒脉冲星。

脉冲星，或者说中子星，是极端物理条件的重要研究对象。研究脉冲星的辐射特性，有助于理解脉冲星的辐射机制和辐射过程。而且，脉冲星的电磁波束在到达地球之前，会穿过各种星际物质和电离气体；电磁波束受它们的影响，就会产生诸如色散之类的物理效应，由此造成的变化将一并带往地球。通过这些电磁波束周而复始的扫描，可以“透视”星际介质的分布和变化特征，有人比喻，这仿佛是在给星际介质做CT。

第三章 单天线射电望远镜

射电望远镜的历史还不到90年，却经历了从小口径到大口径、从单天线到多天线、从米波段到亚毫米波段、从地面到太空的历程，步入了鼎盛时期。时至今日，尽管射电望远镜的种类五花八门，但基本结构都是由天线、接收机系统、支撑结构和驱动系统组成。射电望远镜的品质主要取决于灵敏度和分辨率，天线口径越大，灵敏度就越高，分辨率也越高。

高高旋转的“足球场”

世界上现有两架口径百米级的全可动射电望远镜，一架在德国，一架在美国。它们的巨型天线，大小都超过一个标准的足球场，却能够灵巧地转动，朝向天空中的任何方向。

1968年，联邦德国开始建造一架口径100米的全可动射电望远镜，而且尽量把观测波段扩展到毫米波。这架望远镜坐落在波恩市西南的埃费尔斯贝格，于1972年8月启用，成为当时世上口径最大的可跟踪射电望远镜。这架望远镜口径100米的巨大天线，由2372块长3米、宽1.2米的金属板排列成17个同心圆环构成，总重量达3200吨。每块金属板下面都安装可调节的特殊支撑结构，根据精确测出的天线表面形变数据，可以通过机械装置调整面板，使整个天线保持应有的抛物面形状。这是射电望远镜历史上首次采用“主动反射面”技术。埃费尔斯贝格射电望远镜的观测波段从90厘米到3毫米。它的巡天观测发现了很多相当弱的射电源，并率先在毫米

● 图5-13 美国格林班克国家射电天文台的口径100米×110米射电望远镜（GBT）（来源：NRAO）。

波段观测到脉冲星的辐射。对射电星系、星系核、分子谱线源等也都有上佳的观测结果。

1972年，美国格林班克国家射电天文台建成一架91.5米口径射电望远镜，观测成果亦颇丰硕。1988年11月，它非常意外地突然倒塌。美国天文学家遂筹划另建一台世上最好的全可动射电望远镜。此时埃费尔斯贝格100米射电望远镜已有近20年的历史，美国科学家决定也造一架口径百米级的射电望远镜，而在天线效率、工作波段等方面都要超越它。这架望远镜的天线截面并不是一个直径100米的正圆，而是在一个方向上稍长些，为110米，故常称为格林班克口径100米×110米射电望远镜，或更简单地就称它为格林班克100米射电望远镜。此镜由2004块金属板拼成，采用自动化程度很高的主动反射面系统，可保持表面的形状与理想形状相差不超过0.22毫米！望远镜的工作波段从3米到2.6毫米。整个射电望远镜安置在直径64米的轨道上，可沿水平方向运转。仰角的高低可由一个巨型齿轮来调节，使得仰角大于5°的天空都可以观测到。2000年，这架格林班克望远镜（简称GBT，图5-13）落成。它是目前世界上最大的全可动单天线射电望远镜。

2012年10月28日，中国科学院上海天文台研制的口径65米射电望远镜落成。其综合性能在世上名列前茅，本书第六篇将对它做更详细的介绍。

山谷中的“巨锅”

20世纪60年代初，美国在波多黎各岛上建成了口径305米的阿雷西博射电望远镜（图5-14）。它隶属康奈尔大学，长达半个世纪之久，曾是世上最大的固定式射电

● 图5-14　坐落在波多黎各岛的口径305米阿雷西博射电望远镜，其外观宛如埋在山谷中的一口“巨锅”。

望远镜，也是灵敏度最高的单天线望远镜。它的天线以一个喀斯特地貌的碗状巨坑作为基座，由固定在岩层上的钢索网支撑。望远镜是固定的，不能跟踪观测。天线是球面的，来自天空某个方向的射电波照射到该球面的某一部分，并反射到一条焦线上。不同的方向有不同的焦线，因此可以观测不同方向上的射电源。望远镜有一个庞大复杂但运转灵活的“馈源平台”，悬挂在球面天线上空137米处。平台重约900吨，由18根钢索拉住，钢索则拴在3座高约100米的铁塔上。为加固这些铁塔，就用了8321立方米的混凝土。

一架完整的射电望远镜，除天线以外，主要部分统称为接收机系统，包括馈源、放大器、变频器和数据采集器。馈源置于天线的焦点上，同光学望远镜中的副镜有点类似，作用是通过传输线——更学术化的名称叫“馈线”，把天线收集到的入射射电波送到放大器，再经过变频、检波，最后由计算机采集并记录所得的观测数据。

阿雷西博射电望远镜取得的科学成果不胜枚举。例如，1974年美国天文学家约瑟夫·泰勒（Joseph Hooton Taylor，Jr.）和拉塞尔·赫尔斯（Russell Alan Hulse）用它发现了第一个脉冲双星系统PSR 1913+16。这一双星系统的两个子星都是中子星，它们互相绕转的轨道周期仅7.75小时，这表明它们彼此距离很近。两颗如此靠近的中子星，在强大的引力作用下迅速地互相绕转，就应该辐射出可观的引力波，同时丧失一定的能量。于是，这个双星系统的轨道半径就会逐渐缩小，运动周期也随之变短。根据这类双星系统轨道周期随时间的变化，可以对引力波的强弱做定量的检验。赫尔斯和泰勒在接下来的4年中，用阿雷西博射电望远镜对PSR1913+16进行了上千次观测，并由此计算得出：这一双星系统的轨道周期变化率与广义相对论的预期值正好相符。到了20世纪90年代初，泰勒和赫尔斯已经准确地知道这个脉冲双星的轨道运动周期为0.322 997 462天，周期的变化率为-2.422×10^{-12}，相当于每过一年轨道运动周期将会缩短约0.000 076 4秒。这同广义相对论的预告精确地符合。1993年，泰勒和赫尔斯“因共同发现脉冲双星从而为有关引力的研究提供了新的机会”而荣获诺贝尔物理学奖。

然而，阿雷西博射电望远镜头顶的桂冠——世上最大的固定式射电望远镜，已在2016年被摘下了。固定式单天线射电望远镜的新世界冠军属于中国，它就是坐落在贵州省平塘县的“500米口径球面射电望远镜”（简称FAST），后文第六篇“华夏天文谱新曲”将对它做详细介绍。

天有不测风云。就在本书行将完稿之际，传来了阿雷西博射电望远镜的噩耗。2020年8月10日，阿雷西博射电望远镜悬挂馈源舱的一条辅助钢缆断裂，在主镜面上砸出一条长约30米的裂隙，并损坏了馈源舱的6～8个面板。为此，美国国家科学基金会紧急制订了修缮计划。然而，计划尚未执行，11月6日另一根用于支撑馈源舱的主要钢缆也发生断裂。由于很难在保证安全的前提下完成对望远镜的维修，美国国家科学基金会决定让这台望远镜寿终正寝。

57岁的阿雷西博望远镜曾经屡遭自然灾害。2014年它曾遭受6.5级地震的冲击，但是挺了过来。飓风的破坏性更大，风暴很可能严重损坏靠钢缆悬拉的重达900吨的馈源舱平台。2017年，飓风玛利亚袭击波多黎各，对阿雷西博望远镜造成不小的损坏。但天文台资金告缺，只好长期关停逐渐维修。实际上，直至这次钢缆损坏，部分维修工作仍未完成。2020年11月19日，美国国家科学基金会正式宣布阿雷西博射电望远镜退役。

毫米波和亚毫米波

毫米波的波长范围为1至10毫米，亚毫米波的波长为0.1至1毫米。星际分子谱线绝大多数都处在毫米波和亚毫米波波段，这促进了相应波段射电望远镜的研制和发展。

地球大气层没有向毫米—亚毫米波段充分敞开窗口。氧和水汽会吸收某些波长的辐射，而只让另一些波长的辐射通过，或者说只是开了一些“小窗口”。地球大气对流层水汽含量越高，这些小窗口的透明度就越低。因此，毫米波天文台都建在海拔2000米以上，亚毫米波天文台则需建在海拔4000米以上的高山上。

由于技术上的困难，早期的毫米波射电望远镜口径较小。一批口径13.7米的毫米波射电望远镜至今仍在中国、美国、韩国、西班牙、巴西等国服役。当今最大的毫米波射电望远镜在日本的野边山（Nobeyama），口径45米，工作波长从1毫米至10毫米。其主反射面由600块面板拼成，采用主动反射面系统，可使整个天线表面的实际形状与理想的抛物面仅仅偏差约90微米。

建造亚毫米波射电望远镜在技术上更加困难，因此天线口径也更小。世界上口径最大的亚毫米波射电望远镜于1987年建成，坐落在美国夏威夷的莫纳克亚山上，天线口径为15米。它以电磁波理论的奠基人、19世纪的英国物理学家詹姆斯·克拉克·麦克斯韦的姓氏冠名，称为“麦克斯韦望远镜”，简称JCMT（图5–15）。其抛物面天线由276块金属面板组成，面板表面精度优于50微米。为保持和控制天线周围的环境温度，望远镜置于一个圆屋中，屋顶和门均可随时打开。

20世纪70年代，国际上毫米波射电天文学开始快速发展。在此背景下，中国科学院紫金山天文台于1978年开始，在青海省第三大城市德令哈以东35千米的戈壁滩上建立毫米波观测站，并着手研制13.7米口径的毫米波射电望远镜。当地海拔3200米，周围的高山阻挡住太平洋和印度洋的暖湿气流，形成一个干燥地

● 图5-15 坐落在夏威夷岛莫纳克亚山上的詹姆斯·克拉克·麦克斯韦望远镜（JCMT）。

带，很适合毫米波段的天文观测。如今，该观测站配备了从射电到光学的多个波段的天文设备。

这台望远镜于1996年正式开始毫米波段的观测。它安装在一个对毫米波辐射高度透明的天线罩内，目的是防止风沙的侵袭和阳光的直接照射，保持观测室内温度适宜。天线罩的外观是一个白色的圆球，对可见光不透明（图5-16）。这台望远镜的最短工作波长为3毫米，为此天线面板形状的精度必须优于0.15毫米。望远镜的分辨率达到70″，指向精度则优于10″。

1999年，紫金山天文台的天文学家为这台毫米波射电望远镜配备了用于3毫米工作波长的超导接收机，使望远镜的灵敏度提高10倍以上。这台望远镜的观测任务主要是巡天，加快巡天速度是更快地取得成果的关键。2002年，紫金山天文台研制成功可以同时观测三条谱线的多谱线接收系统，2003年又实现了同时观测多个射电源的目标，使望远镜的观测能力提升了近10倍。近年来，这台望远镜的接收系统进一步升级，安装了新研制的多波束接收机，其效果相当于同时使用9台望远镜。

中国研制亚毫米波射电望远镜，始于1996年。当年紫金山天文台的天文学家提

● 图5–16 中国科学院紫金山天文台口径13.7米的毫米波射电望远镜，坐落在青海省德令哈市境内。

出研制一架移动式亚毫米波射电望远镜，并于2001年完成。采用移动式的原因之一，是当时尚无适合于亚毫米波观测的理想台址。为此，在我国西部的高原地区寻找优秀的射电天文观测台址，便一直在积极推进之中。

上述这架移动式亚毫米波射电望远镜的天线口径30厘米，表面精度达到7微米，指向精度优于1′，观测频段500吉赫（波长约0.6毫米），前端采用超导接收机。就技术角度而言，这台射电望远镜的接收机系统相当先进。它的天线虽小，却为发展中国的大型亚毫米波射电望远镜作了必不可少的技术准备。

如今，在西藏自治区拉萨市西北方向90千米的中国科学院国家天文台羊八井观测站，有一架口径3米的亚毫米波望远镜。它原属德国的科隆大学，安装在瑞士的阿尔卑斯山上。2009年，中德双方开始合作致力于将这架望远镜搬迁到地处藏北高原、海拔4300米的羊八井。2013年7月，这架口径3米望远镜在羊八井安置定当，2016年3月通过验收。乔迁之后，它成了中国第一架在亚毫米波段进行常规观测的望远镜，而且也是北半球站址海拔最高的亚毫米波望远镜。坐落新址之后，它正式命名为“中德亚毫米波望远镜”（简称CCOSMA）。

第四章 综合孔径和甚长基线干涉

化整为零和聚零为整

单天线射电望远镜尽管越做越大，其分辨率还是远远赶不上光学望远镜，而且成像能力也差。双天线的射电干涉仪大大提高了分辨率，但仍不能像光学望远镜那样可以给出天体的视觉图像。英国天文学家马丁·赖尔（图5–17）发明的综合孔径射电望远镜，最终使射电天文观测在分辨率和成像能力两方面都赶上甚至超越了光学天文观测。

“综合孔径”这一概念，可以概括为“化整为零，聚零为整”八个字。一面大型天线可以分解为许许多多小单元。使用大天线进行观测所得的结果，实质上相当于由这些小单元组成的众多双天线干涉仪的观测总和。赖尔发现，其实只要用拆分大天线所得的部分有代表性的小单元进行观测，就能获得等同于用整个大天线进行观测所得的射电辐射强度分布。对于稳定的射电源，这些观测甚至可以非同时进行。这就是“化整为零”的含义。对观测资料的分析处理，则是“聚零为整”的过程。

最简单的综合孔径射电望远镜可以用两面天线组成。一

● 图5–17 因发明综合孔径技术和对射电天文学贡献卓著而荣获1974年诺贝尔物理学奖的英国天文学家马丁·赖尔。

面固定，以它为中心画一个圆，等效于一个“大天线”；另一面天线可以移动，逐次放到这个“等效大天线”的不同位置上，每放一处都进行一次射电干涉测量。在获得“等效大天线”上各种间距和所有方向上的干涉测量信号之后，再对测量资料进行某种数学变换，即可获得所观测天区的射电天图。当然，这种观测也可以由多个天线来实现，其中有几面天线可以移动，另外几面固定，甚至全部天线都固定。

1963年，英国剑桥大学建成基线长度为1.6千米的综合孔径射电望远镜，得到4.5′的分辨率。1971年，剑桥大学又建成等效直径5千米的综合孔径射电望远镜：在5千米长的东西方向基线上，排列着8面口径13米的抛物面天线，其中4面固定，4面可沿铁轨移动。观测资料经计算机处理后，便得到一幅所观测天区的射电源分布图，宛如为该天区拍了一幅照片。剑桥大学5千米综合孔径射电望远镜的工作波长可以短到2厘米，所得角分辨率在1″上下，可与高山上的大型光学望远镜媲美。此镜观测硕果累累，天鹅座射电源A的图像就是它的经典之作：在遥遥相对的两个延展射电源之间，有一个致密的点源——星系核，后者正在连续不断地向两侧的巨大延展射电源输送能量（图5–18）。

● 图5–18 天鹅座A（又名3C405）是位于天鹅座中的一个强射电源。它是一个非常巨大的星系，距离地球6亿光年，质量估计约为太阳质量的100万亿倍，延伸的尺度约为45万光年。其中心部位有两个核，彼此相距5500光年，它们也许是两个星系互相并合之后遗留的痕迹。此图是美国“甚大阵”（详见下节）的观测结果，分辨率已远远优于当初剑桥5千米综合孔径射电望远镜获得的图像（来源：NRAO）。

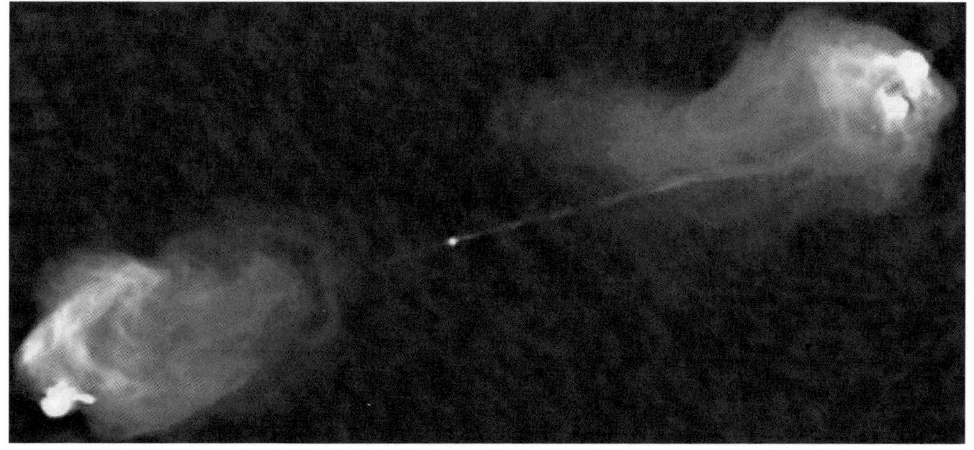

发明综合孔径射电望远镜是射电天文技术创新的重要里程碑，赖尔为此而荣获1974年的诺贝尔物理学奖。他的成功在国际上引发了综合孔径射电望远镜百花齐放的局面。就波段而言，有以米波、分米波、厘米波为主的，还有以毫米波、甚至亚毫米波为主的综合孔径射电望远镜。

综合孔径百花齐放

迄今最先进的综合孔径射电望远镜是美国的甚大阵（简称VLA）。它从1961年开始筹划，经过20年的努力，终于屹立在新墨西哥州的一个荒原上。整个望远镜阵由27面口径25米的可移动抛物面天线组成，安置在呈Y形的3条臂上，每条臂上各有9面天线，可沿铁轨移动，蔚为壮观（图5-19）。其中2条臂长21千米，另一条长20千米。甚大阵天线的总接收面积达53 000平方米，相当于一架口径130米的单天线射电望远镜。其最长基线是36千米，在最短工作波长0.7厘米处，最高分辨率达到0.05″，已大大优于地面大型光学望远镜！ VLA在灵敏度、分辨率、成像速度和频率覆盖四个方面，全面超越了英国剑桥的5千米综合孔径射电望远镜。

● 图5-19 美国的甚大阵综合孔径射电望远镜（VLA）。

荷兰的威斯特博尔克综合孔径射电望远镜（简称WSRT），建成的时间甚至比英国剑桥的5千米综合孔径射电望远镜还早些，于1970年7月启用。它由14面口径25米的抛物面天线组成，沿东西方向排列在长2.7千米的基线上。其中10面天线固定，4面可在铁轨上移动，工作波长范围从1.2米到3.4厘米，灵敏度是剑桥5千米综合孔径望远镜的6.5倍。

澳大利亚综合孔径射电望远镜于1988年投入使用。它的正式名称为“澳大利亚望远镜致密阵”（简称ATCA，图5–20），由6面直径22米的天线组成，最长基线为6千米，工作波段从21厘米到3毫米。它是目前国际上主要用于毫米波观测的最大的综合孔径射电望远镜。

印度的大型米波射电望远镜（简称GMRT）于1995年启用，是当今米波段灵敏度最高的综合孔径射电望远镜阵，位于德干高原上普纳市以北80千米处。那里电磁干扰很小，非常适合米波射电观测。望远镜阵由30面口径45米的抛物线天线组成，其中14面集中在中央约5平方千米的范围内，其余16面沿Y形的3条臂分布，每条臂长14千米，最大基线长度为25千米，工作波段为1.2 ～ 6米。

研究日面上五花八门的射电活动现象，需要集高空间分辨率、高时间分辨率、高频率分辨率与高灵敏度于一身的射电望远镜。1967年，澳大利亚率先建成一个此类设备——由96面天线组成的射电日像仪。1992年4月，日本耗资18亿日元研制的野边山日像仪投入观测。它由84面口径80厘米的天线组成，呈T字形排列，东西方

● 图5–20 澳大利亚综合孔径射电望远镜，正式名称是澳大利亚望远镜致密阵（ATCA）。

向基线长490米，南北方向基线长220米。工作波段从1.76厘米到0.88厘米，相应的空间分辨率分别达到10″和5″，可以获得整个太阳的精细图像，给出日面上的射电亮度分布。

美国的亚毫米波阵（简称SMA）是世界上首个能在亚毫米波段成像的射电望远镜，坐落在夏威夷的莫纳克亚山上，于2003年年底正式启用。建造亚毫米波综合孔径望远镜难度极大，不仅对天线表面的加工精度要求极高，而且连接各天线的馈线长度也不能有细微的变化。SMA由8面口径6米的天线组成，最长基线为500米。天线的表面精度虽然高达15～20微米，但对观测仍有不良影响，导致实际可用的天线面积减少。波长越短，影响越大。在0.43毫米波长上，实际可用的天线面积仅有50%。

正在建造中的阿塔卡马大型毫米波-亚毫米波阵（简称ALMA，图5-21）坐落在智利北部海拔5000米的高原上。它的规模非常大，第一步是由64面口径12米的天线组成，第二步再增加12面天线，其观测波长为1厘米到0.3毫米，空间分辨率可达0.01″，超过美国的VLA和光学波段的哈勃空间望远镜。

中国的射电天文学肇始于20世纪50年代后期对太阳射电的观测研究，当初那些

● 图5-21 阿塔卡马大型毫米波-亚毫米波阵（ALMA）艺术形象图（来源：ESO/NAOJ/NRAO）。

太阳射电望远镜的口径都比较小。20世纪60年代初，中国射电天文学的创始人王绶琯（图5–22）等提出建造“米波多天线太阳干涉仪”。1967年第一期干涉仪完成安装并启用，它坐落在北京密云水库北岸，由16面口径6米的天线组成，分布在沿东西方向长1千米的基线上。后来又增加了在分米波段工作的复合干涉仪模式，基线增长至2千米。

图5–22 中国科学院北京天文台（今国家天文台）前台长、中国科学院院士王绶琯，半个多世纪来对中国天文事业贡献卓著。在2012年10月举办的“十月天文论坛：中国天文的过去、现在和未来”上，来自全国各地的天文界同仁向九十高寿的王先生表达了崇高的敬意，图为本书作者卞毓麟（左）在会上同王绶琯院士合影。

上述米波多天线干涉仪很适合于发展成综合孔径射电望远镜。这样不仅能进行高分辨率的成像观测，而且能促进中国跨入宇宙射电观测研究的新领域。1984年，北京天文台密云观测站米波综合孔径射电望远镜建成。它由28面口径9米的网状天线组成，其中16面由原来的多天线干涉仪的6米口径天线加大而成。它们沿东西方向一字排开，总长度为1160米。这个综合孔径射电望远镜的工作频率是232兆赫（波长1.3米）和327兆赫（波长92厘米），在232兆赫处分辨率约为4′。它的视场比较大，长、宽方向均约为10°，适合于进行巡天和发现新的射电源（图5–23）。

图5–23 位于北京市密云水库旁的米波综合孔径射电望远镜。

密云米波综合孔径射电望远镜最重要的观测任务，是在232兆赫频率上对北天赤纬30°以上的天区进行巡天观测。1996年完成巡天和观测资料的处理，共观测到分立射电源3万多个，包括一批新射电源，观测结果汇编成我国第一个射电源表。同时，它还对一批特定的射电源进行观测研究，取得诸多成果后，于2002年退役。

甚长基线干涉测量

在理论上，综合孔径射电望远镜的基线可以长达成千上万千米，分辨率可以随之提高上万倍、甚至几十万倍。但是，综合孔径射电望远镜需要用馈线连接成复杂的系统，而馈线太长却有可能造成所接收到的信号相位发生变化，并致使望远镜失灵。

甚长基线干涉（简称VLBI）技术的优点，是不再使用馈线传输，其基线可以非常之长。组成VLBI网的各台射电望远镜，各自独立地观测同一个射电源，把观测到的信号记录在磁盘上；然后再把各台射电望远镜的观测数据都提交给一台"相关器"进行干涉处理，以获得观测结果。其效果与把两面天线接收到的信号用馈线送往一处进行干涉处理是一样的。显然，VLBI的这种观测方式必须做到"三个同一"，即各台射电望远镜记录在磁盘上的，必须是同一个射电源在同一时刻发出的同一波段的信号。那么，怎样实现这"三个同一"呢？关键在于观测中必须有一台极其精准的钟——一台极端稳定的原子钟。原子钟的精度可以达到每100万年才误差1秒。在观测时，把原子钟的时间同观测数据一起记录到磁盘上，就很容易确定各台射电望远镜同时观测的时刻了。随着网络技术的快速发展，在必要的时候，VLBI记录的观测数据甚至还可以实时传送。

甚长基线干涉要求有很长的基线。欧洲国家的领土都不够辽阔，因此联邦德国、意大利、荷兰、瑞典和英国于1980年联合建立了欧洲甚长基线干涉网（简称EVN，图5-24），总部设在荷兰。

EVN很快又扩展到欧洲其他各国，但它覆盖的地区还是不够广，因此又力邀中国参加。最后，这个网不仅扩大到亚洲、南非，而且还包括了美国阿雷西博的305

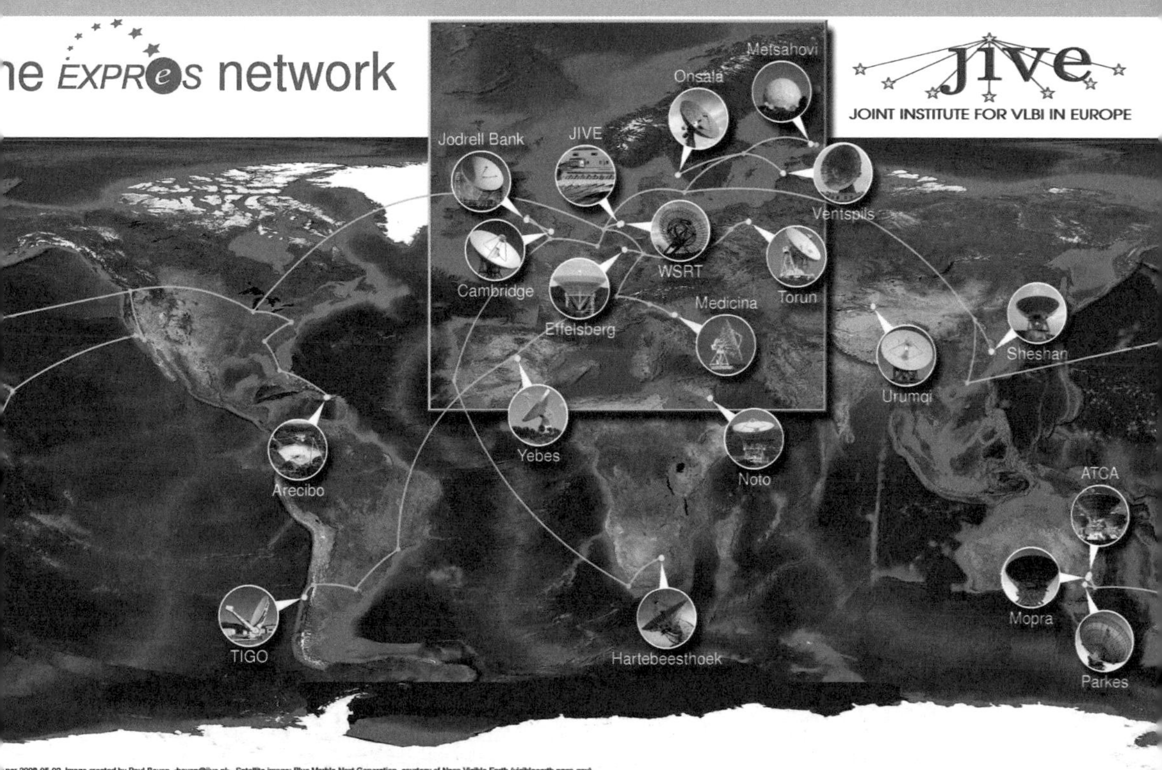

● 图5–24 欧洲甚长基线干涉网（EVN）。

米射电望远镜，成为世界上分辨率和灵敏度最高的VLBI网。网中的各个射电望远镜采用统一标准的接收系统和记录终端，观测数据由国际联测的数据处理中心统一处理。

美国的甚长基线干涉阵（简称VLBA）由10台口径25米的射电望远镜组成，跨度从加勒比海中的美属维尔京群岛到西部的夏威夷，最长基线达8600千米，最短基线为200千米。它是属于单一国家的最大的VLBI专用观测设备，每台射电望远镜都是为该干涉阵专门设计的。整个项目于1993年5月竣工。各台射电望远镜的观测记录统一送到位于新墨西哥州索科罗的望远镜阵工作中心分析处理，图像质量很高。组成VLBA的10台射电望远镜，都能在3.5毫米波长上工作，分辨率达到亚毫角秒级，从而使VLBA成了解决某些天体物理学难题的关键性观测设备。

为了进一步增加基线的长度，必须突破地球本身的限制，把参与甚长基线干涉测量的一部分射电望远镜送入太空。从1986年至1988年，日本和澳大利亚的几台射电望远镜，相继同美国国家航空航天局的数据传送卫星4.9米口径的天线进行空间VLBI观测实验，并取得圆满成功。1989年日本正式开始实施“VLBI空间天文台计划”（简称VSOP）（图5-25）。

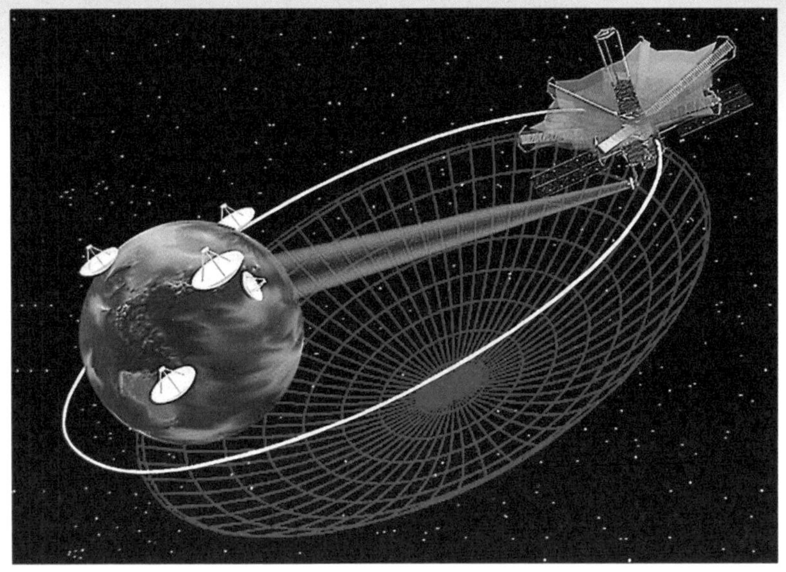

● 图5-25 VLBI空间天文台计划（VSOP）示意图。

1997年2月，日本将一架8米口径的射电望远镜送入环绕地球运行的空间轨道，成为首个空间VLBI卫星，其近地点高度为560千米，远地点高度为21 000千米。观测频段为1.6吉赫（波长18厘米）、5吉赫（波长6厘米）和22吉赫（波长1.3厘米）。发射成功后，这颗卫星被命名为HALCA，是“极先进通信和天文实验室”的英文首字母缩写，同日语中的“遥远”一词（Haruka）谐音。HALCA与地面上的VLBI天线一起，组成一个等效口径达30 000千米的VLBI观测网。由此达到的分辨率，要比哈勃空间望远镜在光学波段上的分辨率高出1万倍！

地面上已有的VLBI观测网和深空观测射电望远镜等都与HALCA进行合作观测，中国也多次参加。这个由空间射电望远镜与地面射电望远镜组成的VLBI系统，基线长度超过地球赤道直径的2.5倍，角分辨率可达60微角秒（即0.000 06″），是当今空间分辨率最高的天文望远镜。

HALCA卫星工作到2003年10月已经结束。下一代空间VLBI将用一台10米口径的射电望远镜在太空环绕地球运转。其运动轨道也与VSOP相仿，近地点高1000千米，远地点高25 000千米。它的工作频率比VSOP更高（工作波长更短），角分辨率也将进一步大幅提高。

当今世界的射电天文学发展十分迅速。本书第六篇“华夏天文谱新曲”就从举世瞩目的“中国天眼”——500米口径球面射电天文望远镜（FAST）说起。

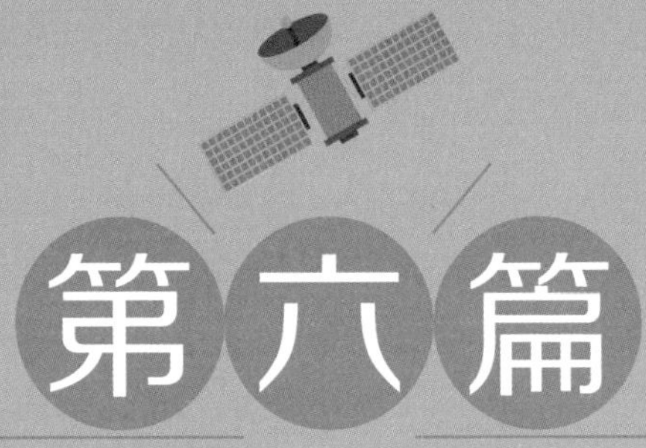

第六篇

华夏天文谱新曲

"中国天眼"——500米口径球面射电望远镜（FAST）雄姿（来源：FAST工程办公室）。

中国是世界上历史最悠久的文明古国之一，也是天文学发展最早的国家之一。几千年来，中华儿女积累了大量珍贵的天文实测资料，取得了丰硕的研究成果，在天文观测、宇宙理论、天文仪器和制定历法等方面，都对世界天文学的发展做出了重要贡献。

然而，到了明代后期，随着西方近代科学的兴起，中国古代天文学渐渐落伍了。明朝万历年间（1573—1620年），欧洲的耶稣会士开始来华传教。他们在宣扬宗教信条的同时，还向中国人介绍西方文化，包括欧洲的科学技术知识。此后，中国天文学与西方天文学日渐融合。1859年，数学家李善兰和传教士伟烈亚力（Alexander Wylie）合译了英国天文学家约翰·赫歇尔的名著《天文学纲要》，并将书名改为《谈天》，使中国人首次看到了西方近代天文学的全貌。

鸦片战争以后，中国逐渐沦为半殖民地半封建社会，天文事业举步维艰，甚至奄奄一息。这种局面，直到中华人民共和国成立后才明显改观。经过一代代中国天文学家不懈奋斗，到21世纪曙光初现时，中国科学院已组建了5大天文观测基地（兴隆、怀柔、德令哈、南山、佘山）和7大实验室（LAMOST工程、空间天文技术、毫米波和亚毫米波、天文光学技术、大射电望远镜、VLBI、天文光学与红外探测器）。2001年，中国科学院组建成立国家天文台（含原北京天文台、云南天文台、乌鲁木齐天文站、长春人造卫星观测站以及南京天文仪器研制中心的一部分）和国家授时中心（原陕西天文台）。同时，中国科学院还和高校密切合作，建立了多个天文研究中心。北京大学天文学系、中国科学技术大学天文学系、清华大学天体物理中心等也先后建立……中国的天文机构和队伍发生了根本性的变化。

21世纪是中国天文界观测设备迅速发展、科研成果不断涌现的时期。限于篇幅，此处只能列举若干最著名的实例："中国天眼"（FAST）、郭守敬望远镜（LAMOST）、暗物质粒子探测卫星"悟空"、硬X射线调制望远镜"慧眼"……

第一章 “中国天眼”FAST

30个足球场那么大

“500米口径球面射电望远镜”（FAST）是当今世界上最大的单天线射电望远镜，它的昵称“中国天眼”家喻户晓。那么，FAST究竟有多大呢？它的接收天线的面积约25万平方米，有30个足球场那么大！

关于FAST的故事，让我们从头说起。

1993年，在一次国际会议上，中国、澳大利亚、加拿大、法国、德国、印度、荷兰、俄罗斯、英国、美国的天文学家共商21世纪初射电天文学的发展蓝图，提出研制下一代大射电望远镜（当时称为Large Telescope，简称LT）的倡议。LT是一个总接收面积达1平方千米的射电望远镜阵列，1999年更名为“平方千米阵”（简称SKA）。这个阵列将是人类建成的最大规模的天文望远镜，可以从根本上提高对延展射电源成像的能力。SKA预期在2027年部分启用，其总部将设在英国的焦德雷尔班克天文台。

1994年6月，中国天文学家以中国科学院北京天文台（今国家天文台）为主，联合国内20余家大学和科研机构，组建了“LT中国推进委员会”，委员会主任是北京天文台的南仁东研究员。

各国天文学家对实现LT的方案各有主见，但有一点是铁定不变的：建造LT的地点“无线电环境绝对要好”，也就是说，对避免无线电干扰的要求极高。

中国天文学家提出了一个诱人的建造方案：在中国贵州山区，群峰之间有许许多多喀斯特洼地，活像一口口仰天“大锅”。利用这些“大锅”，可以安置一批类似阿雷西博口径305米射电望远镜那样的大型设备，在方圆数百千米范围内组成所需的巨大射电望远镜阵列，而且可以找到无线电环境优越的台址。

1997年7月，LT中国推进委员会提出建设“工程概念先导单元”的初步设想：由中国独立研制一个世界最大口径的单天线射电望远镜，即FAST。一个规模如此庞大的工程，在关键性的技术难点上必须有切切实实的突破。1999年，FAST的预研究作为中国科学院首批“创新工程重大项目”立项。

为FAST找一个理想的地点安“家”，做起来可不容易。FAST项目从1994年开始选址，到2006年最后敲定，前后历时12年。科研人员先在上千张地形地质图中查找筛选，综合考虑各种因素，从391个“窝”里筛选出24个洼地，开展进一步的比较和选择，然后再对其中的13个洼地（请看它们的名字多么有趣：打舵、大窝凼、高务、岜山、打多、汪园冲、安纳、冗好、达架、打娘、梭坡、长冲、尚家冲）进行全面的综合考察、筛选。2006年7月15日，贵州省黔南布依族苗族自治州平塘县克度镇的大窝凼被正式确定为FAST的台址。

尽管2006年9月国际SKA项目最终择定建在南非和澳大利亚，但诚如南仁东所言：

> 我们FAST的台址——大窝凼，是我们从300多个候选洼地里挑选出来的，我们选到了一个地球上独一无二的、最适合FAST建设的台址。（图6–01）

南仁东的同伴们也诗意地赞美：

> 大窝凼像是为FAST而生的，亿万年，只为等它到来，庞大的科学装置与大自然完美合一，鬼斧神工，妙手惊天。

FAST最终选择在大窝凼安家，一个极重要的原因就是那里的无线电环境十分宁静：附近5千米之内没有镇政府驻地；25千米半径范围内只有一个县城政府所在地。当然，作为FAST未来的家，这口“大锅”还必须满足许多其他条件：

足够大、足够深，足以让FAST容身；

● 图6-01 “中国天眼”的“家”——贵州省黔南布依族苗族自治州平塘县克度镇大窝凼，绿水青山，景色宜人，被人们亲切地称为“地球上最美的眼窝”（来源：FAST工程办公室）。

坑内地质条件好，地势平缓，周边山体稳固，少地震，有利于望远镜的安全；

风不大，不致把钢索悬吊着的馈源舱吹偏，以免影响准确接收来自太空的信号；

雨水能够迅速向下渗透，不致因暴雨水淹腐蚀和损坏望远镜；

此外，还有交通比较便利，等等。

在这口“大锅”中建造FAST，可以大大减少土方工程，提高工作效率，节省经费开支。倘若在平地上挖一个直径500米的坑来安置FAST，那就需要挖走超过1500万立方米的土石，这至少要花费5亿元人民币。

2007年，国家发展和改革委员会正式批复FAST项目立项建设。FAST工程由中国科学院国家天文台主持，全国20余所大学和研究所协力合作，后来它成为“十一五”国家重大科技基础设施建设项目。

2008年12月26日，FAST工程举行奠基典礼。2011年3月25日，FAST工程正式破土开工。为保障工程顺利实施，专门成立了现场工程项目管理部。在当地政府和人民的全力支持下，参与FAST项目方方面面的共同努力，战胜了无数困难，确保工程顺利推进。

2016年9月25日，FAST正式落成启用。中共中央总书记、国家主席、中央军委主席习近平给科研人员和建设者们发来贺信——这是党和国家最高领导人第一次为大科学工程落成发贺信！

南仁东研究员是这项工程的发起者及奠基人。他作为项目的首席科学家兼总工程师，用生命最后22年的全部精力与热情，让中国睁开了领先世界的“天眼”。2015年3月，南仁东病倒了：肺癌晚期，但治疗后不久他又回到了工地。2017年9月15日南仁东与世长辞，享年72岁。后文“时代楷模南仁东”一节，将更多地介绍他的事迹和风采。

骄人的自主创新

与国际上已有的巨型单口径射电望远镜相比，FAST的建造有三大骄人的自主创新。其一是上节介绍的，在贵州找到地球上最大最圆且工程地质、水文地质条件都合适的喀斯特洼坑，作为望远镜建设的台址。其二是在喀斯特洼地内铺设500米口径的球冠状主动反射面，通过主动控制在观测方向上形成300米口径的瞬时抛物面，将电磁波汇聚到焦点上。其三是使用轻型索拖动机构和并联机器人，实现望远镜的高精度定位，开创了一种建造巨型射电望远镜的新模式。

先来谈谈“主动反射面”。在光学望远镜中，球面反射镜可以使平行的入射光线聚焦，但是却不能严格地汇聚到一个点（即焦点）上，这种缺陷就是所谓的“球差”。事实上，球面反射镜只能使入射的平行光汇聚到一条线（即焦线）上，但利用抛物面反射镜成像就不存在球差：平行的入射光线经抛物面反射后，将严格地会聚到一个点（即焦点）上。

射电望远镜的反射面天线对射电波的反射，情况也与此相同。为了改善乃至消除球差导致的成像不良，FAST实现了一项工程奇迹：巨大的“主动反射面系统”，即通过主动控制，让FAST这口“大锅”局部变形，从而在观测方向（即“被照明区”）形成300米口径的瞬时抛物面。

欲知“大锅”如何变形，先要明白它是如何支撑的。“中国天眼”FAST的500米口径巨型反射面，由4450个三角形的反射面单元构成。在每个反射面单元下面，都有相应的促动器，可由计算机控制实时调整位置。它们安装在由670根主索和2225根下拉索组成的“索网”上。这张巨大的索网，犹如一个由钢索织成的“超级网兜”，牢牢地支撑着反射面（图6–02）。

这种索网结构，完全是我国自主创新的。它克服了大尺度、高精度的拼装施工难点，解决了跨度大、位置高等吊装施工难题，是目前世界上跨度最大、精度最高的索网结构。这个“网兜”所用的材料，必须具备高弹性、抗拉伸、抗疲劳的特征，某些指标必须达到国家标准的2.5倍，才能满足反复拉伸的要求。而在当时，国内根本没有符合这些要求的钢索。于是，FAST工程团队与合作的厂家和高校一同反复试验，花了两年时间，终于研发出了符合要求的钢索。

● 图6–02 支撑“中国天眼”的索网结构，犹如一张由粗如手臂的钢缆织就的“超级网兜”（来源：FAST工程办公室）。

FAST的索网，还是世界上首个采用变位工作方式的索网体系，在促动器的拉放作用下，索网上面反射面单元的位置发生变化，可使被照明区形成300米口径的瞬时抛物面；抛物面区域可以不断地移动，使长时间跟踪观测天体的愿景得以成真。

FAST的反射面由多达4450个反射面单元拼装而成，其误差会不会很大呢？

实际上，FAST反射面单元有近400种不同规格的尺寸，它们的边长在10.2～12.4米。而且，每个反射面单元又是由100个子单元微结构组成，每个微结构的表面精度都达到了1毫米；用来编织索网的近7000根粗如手臂的钢缆，每一根的加工精度都控制在1毫米以内。FAST的结构，处处都要达到发丝般的毫米级精度，这确保了它无比强大、精确的探测功能。

来自天体的射电波，经FAST的巨型天线反射后，汇聚到焦点上。焦点处必须有一个接收器，宛如胶卷照相机必须有照相底片，数码相机必须有CCD芯片那样。大型射电望远镜承担这项功能的部件称为“馈源”，人们时常比喻，如果说FAST是人类窥探宇宙的天眼，那么馈源就是它的眼珠。馈源的“家”，即“馈源舱”，大小相当于一间130平方米的房屋，接收器就安装在馈源舱里。馈源舱由6根钢索悬吊着，在500米巨型反射面的衬托下，远远望去，它竟然显得那么小。

馈源舱必须克服种种因素的扰动，保证舱内的接收机实现高精度指向定位。这主要是依靠一种刚性六杆并联机器人实现的。这种机器人的基本结构，由动平台、静平台和6个空间支腿组成。在FAST望远镜中，直径约3米的动平台上承载着接收机。当6根钢索牵引着眼珠“馈源舱”进行观测时，由于支撑铁塔的变形、钢丝绳的弹变、温度的变化、风力的强弱等因素的影响，对馈源舱的位置控制就会有一个不超过48毫米的误差。这个位置误差需要由并联机器人来补偿，以确保将位置误差减至小于30毫米，姿态误差小于0.5°。

圆形的馈源舱直径为13米，里面集合了许许多多复杂部件。科学家们经过严格的仿真分析，得出结论：馈源舱的重量不应超过30吨。本书第五篇“太空电波话今昔”中已经谈到，美国的305米口径阿雷西博望远镜，采用3组巨大的钢索来悬吊一个近千吨重的巨大馈源移动平台。如果采用与阿雷西博望远镜同样的方案，那么500

米口径的FAST悬吊的馈源平台就会重达上万吨！这远远超出了现今的工程技术极限，完全没有可行性。

中国天文学家提出了一个非常巧妙的设想，解决了确保FAST馈源舱时刻都在抛物面焦点位置上的难题。这项自主创新的技术，使用了“轻型索拖动机构和并联机器人”。具体地说，就是采用光学、机械、电气一体化技术，利用6根相对说来重量较轻的钢索，将馈源舱拖到焦点处，并附加一个精调机器人，用以抵消钢索的震动，精确调整接收器的位置和姿态，实现高精度的指向和跟踪。这样，就把信号接收平台的重量从近万吨降低到了几十吨。用一句话来概括其中的秘诀，那就是：FAST有一个威力无穷的“超级机器人”——馈源支撑系统（图6-03）。

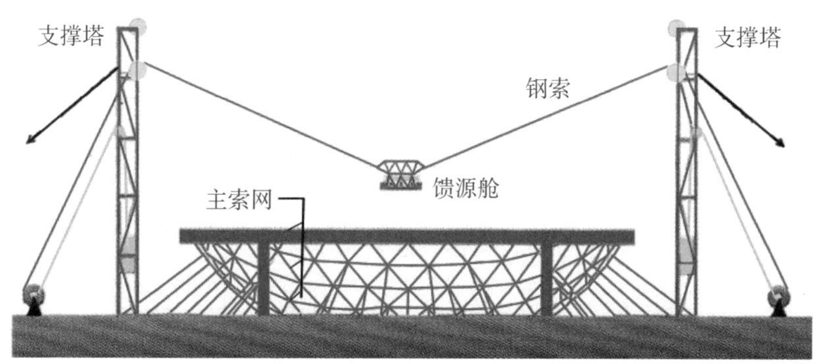

● 图6-03　FAST馈源支撑系统示意图。

实际的馈源支撑系统非常复杂，但是工程技术人员对它的概括非常简洁：6塔6索，1舱1港。6塔，是屹立在500米“大锅”外围的6座百余米高的铁塔，它们沿着一个环绕FAST的巨大圆周均匀分布，总共耗费了2600多吨钢材。每座塔的上下各有一个直径1.8米的大型滑轮——多数人的身高还不及它。6根钢索，远远望去，宛如空中的6条银蛇。钢索的一端经过两个滑轮与机房内的卷筒连接，另一端皆与馈源舱相连。

6根钢索互相配合，协调一致牵引约重30吨的馈源舱，对系统的可靠性要求极高。万一有哪根钢索断了，那就好像一根40吨重的大鞭子从百米高空抽下来，其后果无法设想。然而，这个庞大的支撑系统安全可靠，在许多技术领域实现了重大突破，有力地彰显了我国科技人员的创新能力。

当然，工程设备总是需要定期检修的。馈源舱里的设备一旦出了故障怎么办？科学家们胸有成竹。他们在“大锅”的最底部建了一个环形的舱停靠平台，宛如远洋巨轮停靠的港口。馈源舱需要维护的时候，就从百余米的空中降落到这个停靠平台上，技术人员即可对它进行检修。

馈源是FAST的“眼珠”，它获得的信息需要传给地面的中央控制室。这项任务是用光缆作为传输介质来完成的。光缆由光纤集束成股，每根裸光纤的直径只有9微米，约为头发直径的1/8，加上厚厚的保护包层，一根光纤的直径也不过250微米，即0.25毫米。

FAST要求这种由光纤构成的光缆能经受长期的反复弯曲：在5年内要能弯曲6.6万次。可是，即使按照我国的军用标准，对于光缆的疲劳寿命要求，最高也不过弯曲1000次。再说，通常的光缆也很少用于运动工况中。有关科技人员经过4年的不懈努力，终于研制出48芯的超稳定的弯曲可动光缆——简称“FAST动光缆”，突破了10万次弯曲疲劳寿命，刷新了世界纪录。2015年，“FAST动光缆”正式向市场推广。

所有上述技术性能，共同确保了FAST可以在天顶角40°的范围内进行观测。实际观测时，球面反射面上对准目标天体的直径300米的区域瞬时变成抛物面；随着天体的东升西落，抛物面区域也不断移动以跟踪观测对象。同时，馈源舱也不断移动，时刻保持位于抛物面的焦点上。馈源舱内配置着多波段、多波束馈源和接收机系统的其他部件。

FAST的灵敏度约为德国埃费尔斯贝格口径100米射电望远镜的10倍，其综合性能比阿雷西博305米口径射电望远镜要高10倍。它可以全天候、不间断地探测太空，接受宇宙中频率范围从70兆赫（波长4.3米）到3吉赫（波长10厘米；1吉赫=10^9赫）的射电波。理论上，即便远在百亿光年外、像雷声中的蝉鸣那样微弱的射电信号，这只超级灵敏的“中国天眼”也能将其分辨出来。

在未来二三十年中，FAST将保持世界一流设备的地位。它除了可以单独开展大量天文研究课题外，还可以作为最大的台站加入国际甚长基线网。与此同时，在深空探测、脉冲星自主导航、非相干散射雷达接收系统、空间天气预报等应用领域，

FAST也都大有用武之地。

时代楷模南仁东

我曾在中国科学院北京天文台工作30余年，在那里与南仁东有17年的交集，彼此相当熟悉（图6-04）。1991年6月下旬，我赴日本京都参加第六届关于广义相对论的格罗斯曼会议——数百名与会者中的头号明星乃是“轮椅天才”、英国科学家斯蒂芬·霍金（Stephen Hawking）。会后，我到东京天文台短期顺访两周。此时，南仁东正在日本的野边山射电天文台做客座研究。他邀请我前往那里参观，临别时还备了两件小礼物，送给我刚上小学二年级的儿子。1998年我离开北京天文台以后，仍同南仁东多次晤面。例如，2001年12月中旬，中国科学院科普办公室、中央电视台、《科学时报》社、中国科普研究所共同在中国科技会堂主办“科学与公众论坛——纪念‘科学先生’卡尔·萨根逝世五周年”活动，卡尔的长子多里昂·萨根（Dorion Sagan）应邀专程来华与会。首场论坛的分主题是“科学家及公众理解科学”，作为三位主讲嘉宾之一，我做了题为“真诚的卡尔·萨根”的演讲；第二场的分主题是“宇宙及地外文明的探索”，南仁东是主讲嘉宾之一，演讲题为“寻找地外理性生命”——这正是酝酿中的FAST的科学目标之一（图6-04）。

在我眼里，和在多数同事看来一样，南仁东未必算是一位“天才型”的科学家。然而，他有很强烈的责任心和使命感。他刻苦钻研，勤于思考，善于提出问题和解决问题，他意志坚定，认准了方向便义无反顾地勇往直前……

● 图6-04　2001年12月15日，南仁东（右）和本书作者卞毓麟在中国科技会堂重逢。

南仁东是满族人，1945年2月19日出生于吉林省辽源市。他在高中时期就爱好天文，1963年以吉林省理科第一名的成绩考入清华大学无线电系真空及超高频技术专业，毕业后分配到吉林省通化市无线电厂。

南仁东在厂里工作出色，26岁那年升为技术科长。1977年我国宣布恢复高考制度，1978年招收恢复高考后的第一批研究生，南仁东被中国科学院研究生院录取，专业为天体物理学。那一年他33岁，已经有一双儿女。3年后，他获得硕士学位，导师是中国科学院北京天文台台长王绶琯院士（当时称中国科学院学部委员）。硕士毕业后，南仁东到北京天文台工作，同时继续攻读天体物理学博士，于1987年取得博士学位。在此期间，他曾应邀前往苏联的两个射电天文台短期访问，并到荷兰的德云格勒天文台做访问学者一年余。

1987年5月，南仁东结束在荷兰的访学，回北京天文台工作。此后五六年间，他还先后在日本、美国、英国、意大利等国的天文机构做短期客座研究。1992年，南仁东任北京天文台研究员，同年任北京天文台副台长。1993年12月，南仁东出任北京天文学会第十届理事会理事长，我是同届学术委员会主任。

1994年，南仁东与国内一批天文学家共提争取将LT建在中国的《建议书》。6月，中国科学院批复成立LT中国推进委员会，南仁东主持推进工作。1995年10月，LT项目国际会议在贵州召开。1996年，南仁东和他的战友们首次发现大窝凼。同年，南仁东就任国际宇航科学院“搜索地外智慧生命”（SETI）委员会科学组织委员会委员。

1997年，南仁东提出由我国独立建造一台500米口径球面射电望远镜（FAST），作为LT中国工程概念的先导单元。1999年3月，南仁东就任中国科学院知识创新工程首批重大项目“FAST预研究”首席科学家。

在2002年的FAST技术年会上，南仁东正式提出“FAST主动反射面的主要支撑结构采用创新性的索网技术”这一概念。

2005年9月，中国科学院通过FAST建议书的项目评审。11月，南仁东在中科院院长办公会议上提出要向国家申请FAST立项。2006年3月，中科院基础科学局举行“FAST项目国际评估与咨询会议”，数月后与会专家综合评估认为项目可行。

8月，在国际天文学联合会第26届大会上，南仁东当选为国际天文学联合会射电天文分部主席。

2007年7月，国家发展和改革委员会批复FAST工程正式立项。南仁东率领团队进入FAST可行性研究快速推进阶段。2008年10月，国家发改委批复FAST工程的可行性研究报告。同年12月26日，中国科学院和贵州省人民政府共同在大窝凼举行FAST工程奠基典礼。南仁东将自己创作的一副对联“北筑鸟巢迎圣火，南修窝凼落星辰”刻在了FAST的奠基石上。

2009年，中国科学院和贵州省人民政府联合批复了FAST工程初步设计及概算。当年发现的索网疲劳问题，对于FAST是一个近乎灾难性的难题。为此组织的技术攻关，经历了近百次失败，南仁东对几乎所有的失败案例都亲自过目，与技术人员共商改进措施，历时近两年，终于攻克了这道技术难关。

2011年3月，大窝凼村民动迁完毕，FAST工程正式动工。在此后五年半的过程中，先后有近200家企业、大专院校、科研院所直接参与了工程建设。

2012年1月，国家973计划项目“射电波段的前沿天体物理课题及FAST早期科学研究”正式启动。同年12月，FAST台址开挖与边坡治理工程通过验收。2013年12月31日，FAST工程圈梁钢结构顺利合龙。2014年11月，FAST馈源支撑塔制造和安装工程通过验收。2015年2月4日，FAST索网工程完成合龙（图6–05）。

2015年3月，南仁东查出肺癌已晚期。秋天，他治疗后不久又返回工地。11月，FAST馈源舱首次升舱成功，舱停靠平台通过验收。2016年6月，FAST综合布线工程通过验收，140～280兆赫接收器完成安装。7月，FAST反射面单元完成吊装，FAST主体工程完工。

2016年9月25日，FAST工程正式竣工，“中国天眼”落成启用。中共中

● 图6–05　南仁东在FAST施工现场指导工作（来源：FAST工程办公室）。

央总书记、国家主席、中央军委主席习近平给科研人员和建设者们发来贺信。

2017年1月，南仁东获评“2016年度科技创新人物”和“2016中国科学年度新闻人物”，5月获首届“全国创新争先奖”奖章。然而，病魔无情地夺走了他的生命。9月15日北京时间23点23分，献身工作鞠躬尽瘁的南仁东永远合上了他那不知疲倦的双眼，时年72岁。

两个月后，2017年11月17日，中共中央宣传部追授南仁东“时代楷模”荣誉称号——这是党的十九大以来的第一位“时代楷模”，号召全社会向南仁东学习。12月8日，在北京人民大会堂举行由中宣部、科技部、中科院、中国科协、贵州省委联合主办的南仁东先进事迹报告会。南仁东用他的全部生命坚定不移地追逐梦想，把一个朴素的想法变成了国之重器，他的精神令无数人为之动容。

2018年9月30日下午，中国科学院举行南仁东事迹展暨南仁东塑像揭幕仪式。10月15日，第二座南仁东塑像揭幕仪式和“南仁东星”命名仪式在贵州“中国天眼”基地举行。南仁东塑像的创作者是中国美术馆馆长吴为山。值得一提的是，2002年5月，南京大学天文学系系庆50周年之际举行了前系主任戴文赛教授铜像揭幕仪式，那尊极其传神的铜像，也是出自吴为山教授之手。

2018年12月18日，中共中央、国务院授予南仁东“改革先锋”称号，并颁发改革先锋奖章。

12月31日晚7时，国家主席习近平通过中央广播电视总台和互联网，发表2019年新年贺词。他说“此时此刻，我特别要提到一些闪亮的名字”，并说道“今年，天上多了颗‘南仁东星’”。FAST建成后，“平方千米射电望远镜阵”（SKA）项目总干事、英国著名射电天文学家菲利普·约翰·戴蒙德（Philip John Diamond）说：“FAST令人惊叹，它把中国天文学带到世界第一梯队。”2019年3月，作为“中共中央宣传部2018年主题出版重点出版物”的《中国天眼：南仁东传》一书面世。此书作者是当代作家王宏甲，诚如其所言：“南仁东用自己的全部生命换来了它（按：指FAST）。当然，缔造它的还有成千上万的科研人员、工人和中国悠久的文化精神，它是当今中国综合国力的体现。”

2019年11月上旬，我出席在贵州省平塘县FAST观测基地召开的第十一届天文学名词审定委员会第一次会议。11月5日，全体与会代表集体参观FAST。站在南仁东铜像前（图6–06），我是多么想如以前那样同他说话啊。哦，可是他已经走了……似真似幻，在我耳边，轻轻回荡起南仁东的那首诗：

感官安宁，万籁无声
美丽的宇宙太空
以它的神秘和绚丽
召唤我们踏过平庸
进入到无限的广袤

图6–06　2019年11月5日，本书作者卞毓麟在贵州省平塘县FAST观测基地南仁东铜像前留影。

丰收的启幕

南仁东和他的伙伴们用坚定的信念和毅力追梦，使一个朴素的想法变成了国之重器FAST。

2020年1月11日，“中国天眼”FAST通过验收，正式投入运行。

也许你会奇怪，FAST不是早在2016年9月25日已经正式落成，2017年10月10日已发布首批观测成果了吗？怎么直到2020年才通过验收，正式投入运行呢？

事实上，巨型望远镜建成后，都要进行严格的调试。调试中会涉及天文、测量、控制、电子学、机械、结构等众多学科领域，国际上大射电望远的调试周期一般都不少于4年。FAST自2016年落成后，也正式进入为期3～5年的调试期。

FAST巨大的接收面积使它具备了其他望远镜望尘莫及的超高灵敏度，但这也使得它的系统构成更为复杂，调试工作也更具挑战性。经过半年左右的努力，调试团队在2017年8月27日第一次完成了反射面和馈源支撑的协同动作，首次实现了对特定目标的跟踪观测，稳定地获取了观测目标的射电信号。只有能稳定地进行跟踪观测，“中国天眼”才能发挥它的最优性能。FAST的整个调试过程历时约1200天，取得了圆满成功。“中国天眼”的丰收季节启幕了。

其实，在2020年初投入正式运行之前的那些日子里，FAST就取得了相当可喜的成果：它已经发现146个脉冲星候选体，确定了其中的102颗脉冲星。本书第五篇“太空电波话今昔”中已介绍脉冲星是20世纪60年代射电天文学的“四大发现”之一，也是两次诺贝尔物理学奖的主角。人类迄今已发现的脉冲星，总共还不到3000颗。FAST发现脉冲星的效率超过国外最先进望远镜的10倍。

2017年10月10日，FAST发布首批观测成果：发现6颗脉冲星，实现中国望远镜发现脉冲星“零”的突破。其中的第一颗名为PSR J1859−0131，是2017年8月22日“中国天眼”在不到1分钟的漂移扫描（即固定望远镜，借助地球自转扫描天空）期间发现的（图6-07），后来得到澳大利亚64米口径帕克斯望远镜的证实。

FAST凭借超高的灵敏度发现了许多脉冲星，值得中国天文学界骄傲。然而，数量多少还只是一个方面；另一方面是发现特别重要或独具特色的研究对象，对此FAST同样出手不凡。例如，它于2018年2月27日首次发现一颗毫秒脉冲

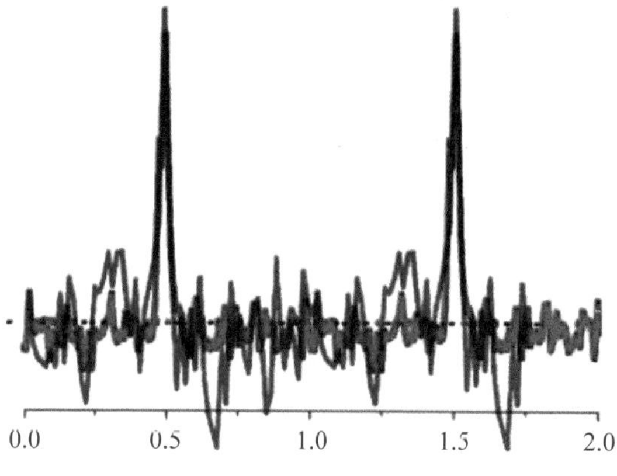

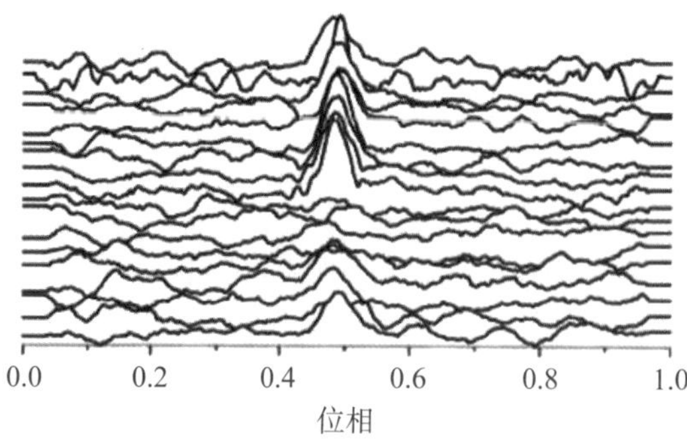

● 图6-07 FAST发现的第一颗脉冲星的平均轮廓（上）和多个单脉冲轮廓（下）（钱磊、李菂提供，王培制图）。

星——PSR J0318+0253，脉冲周期为5.19毫秒，于4月18日得到国际认证。FAST发现的某些脉冲星呈现出奇异的辐射特性，为世界射电天文学做出了突破性贡献。此外，脉冲星作为一种特别精准的时钟，还可以用于引力波探测，甚至还能用于航天器的深空导航。

自不待言，对于“中国天眼”来说，发现脉冲星只是其使命之一。未来，它还将在中性氢巡天观测（探索暗能量和暗物质）、谱线观测、寻找可能的星际通讯信号等方面进行探索。或许，它还能开启人类与地外文明的“对话”。这些，在此就不详谈了。

【链接二】65米口径天马望远镜

当今的中国，不仅拥有世界上最大的固定式单天线射电望远镜FAST，而且还有一架综合性能在世界上名列前茅的全动式单天线射电望远镜，它就是坐落在上海市松江区天马山麓的65米口径射电望远镜：如果你在火星上用手机拨号，它在地球上能收到信号。

2012年10月28日上午，“上海65米射电望远镜落成仪式及中国科学院上海天文台成立50周年暨建台140周年庆典活动”在上海佘山的65米射电望远镜现场隆重举行。

在落成仪式上，这架高70米、重2700多吨、主反射面口径65米的望远镜，秀了一次漂亮的俯仰动作，由“昂首”转向45°角，引来现场掌声雷动（图6–08）。下午1时30分光景，它成功追踪到第一个预定目标，并接收到第一组信号。这个信号来自距地球约3.7万光

图6–08　2012年10月28日，65米口径射电望远镜落成仪式现场。

图6-09 一直密切关注65米口径射电望远镜项目进展的中国科学院资深院士叶叔华先生。她曾任国际天文学联合会副主席，中国科学技术协会副主席，上海市科学技术协会主席，中国科学院上海天文台台长，照片摄于2014年。

年的一个天区，那里有大量的恒星正在形成。

“终于盼到了这台望远镜！”一直密切关注整个工程进展的著名天文学家、当时已85岁的中国科学院院士叶叔华的感慨令人动容（图6-09）。

“我们需要65米射电望远镜赶快执行任务，因为我们需要精确地测轨。”中国探月工程总设计师吴伟仁在落成仪式上如是说。事实上，在这架65米口径射电望远镜待执行的任务单上，第一项大任务就是为中国探月二期工程的“嫦娥三号”保驾护航。此前，在“嫦娥一号”和“嫦娥二号”卫星奔月过程中，中国的甚长基线干涉网（VLBI）已成功参与完成了测轨工作。

中国的VLBI网，是为了发射“嫦娥一号”的需要，以前所未有的速度建立起来的。它在3.2厘米波长上的分辨率达到0.0025″。联网的4台射电望远镜彼此间的最短基线是上海到北京的1114千米，最长基线是上海到乌鲁木齐的3249千米。原先，上海入网的只是一架25米口径的射电望远镜，现在由65米口径射电望远镜取代它，大幅提高了“嫦娥三号”落月探测的定轨精度。

上海65米口径射电望远镜的主反射面面积为3780平方米，相当于9个标准篮球场，由14圈共1008块高精度实面板拼装而成，每块面板单元精度达到0.1毫米。整个望远镜可以通过基座上的轮轨和天线俯仰机构灵活转动，全方位跟踪所观测的目标天体。

这架65米口径射电望远镜的指向误差不超过3″——这相当于钟表秒针跳动一次所转过的角度的1/7200，达到了国际先进水平。为保证移动过程中不发生过大的晃动，望远镜采用了多项我国自主知识产权的最新技术。例如，其运行轨道采用无缝焊接技术，总长130多米的运行轨道最高处和最低处的差距不超过0.5毫米。又如，为了保证反射面在望远镜移动过程中不会因重力、温度等因素的影响而变形，在面板与天线背架结构的连接处安装着1104个精密的“促动器”，可以随时对面板进行调整，以补偿重力引起的反射面变形。促动器的定位精度可达15微米，大致相当于一根头发丝粗细的1/5。

上海65米射电望远镜是一台具有多种科学用途的全可动望远镜，其工作波长从最长的21厘米到最短的0.7厘米，共8个波段，是我国目前工作波长可覆盖全部厘米波段和长毫米波段的高性能射电望远镜。它是中国科学院和上海市政府的重大合作项目，由中国科学院上海天文台负责运行。

65米射电望远镜的建成，标志着我国深空探测定轨能力进入了一个更高层次，显著提升了中国天文观测研究的整体实力和国际地位。它将在射电天文、天文地球动力学和空间科学等多种学科中，成为中国乃至世界上一台主干观测设备。它作为一个单元参加中国VLBI网，可使全网灵敏度提高42%；参加欧洲VLBI网，可使其灵敏度提高15%到35%；在东亚VLBI网中，可以口径最大的天线而起到主导作用。

2013年12月2日，“上海65米射电望远镜系统研制”项目验收会如期召开。综合验收专家组认为，该项目高质量完成了任务指标要求，系统性能全部达到并大部分优于任务书规定的技术指标，一致同意通过验收。在实地考察期间，验收专家组还参加了该镜冠名“天马望远镜”（Tianma Radio Telescope，简称TMRT）的仪式，叶叔华院士、崔向群院士等共同为“天马望远镜”揭牌。

2013年，“嫦娥三号”奔月。它要释放“玉兔号”月球车在月面漫步。月球车长、宽、高都只有1米多，怎样才能“看”清“玉兔号”在月球上的位置和动静呢？这是观测人员面临的一大难题。

科学家们在月球车和着陆器上搭载了电波源，天马望远镜犹如一只巨大的“顺风耳”，凭借VLBI技术聆听它们发出的射电信号。通过测量月球车与着陆器之间的相对位置变化，对这只小小“玉兔”移动监测的灵敏度达到了10厘米。我们不妨想象一下，你家门口的一辆汽车移动了10厘米，你立刻就能发现吗？以10厘米的灵敏度监测38万千米之遥的月球车的移动，这充分体现了中国精度！

2017年10月28日，天马望远镜的5周年生日。此前一天，它通过了一次特殊的“体检”——项目总体验收。在同类型望远镜中，它的综合性能指标在世界上名列前茅，显示了我国射电天文观测能力和执行国家任务的能力。天马望远镜每年的运行时间达7000小时（含维护保养时间），这是一个非常可观的数字！

2018年，天马望远镜参加了“嫦娥四号”着陆巡视器和中继星的测轨任务，为世界上首次在月球背面软着陆探测做出了重要贡献。此后，天马望远镜又出色地继续服务于“嫦娥五号”和“天问一号”火星探测等任务。与此同时，天马望远镜作为国际VLBI网的重要测站，还在射电谱线、脉冲星等观测研究中取得了许多原创性成果。

在FAST建成之后，人们时常会将FAST与天马望远镜进行比较：500米口径的FAST，性能是不是全面超越了天马望远镜呢？

其实，65米口径的天马望远镜与“中国天眼”FAST各有优势，它们承担着不同的科学任务。天马望远镜可以灵活转动，指向天空的各个方向，快速追踪射电信号源，因此可以监测探月设备和深空探测器并为之导航，FAST则不适宜承担此类任务。

另外，天马望远镜主要是在约8.5吉赫的高频波段工作，受民用无线电信号（如手机信号）的干扰较小，因而可以建造在上海的平原地带。FAST的工作频率较低，为0.07～3吉赫，易受民用设备的电磁干扰，因此要建在贵州省的偏远山区。

天马望远镜和FAST的关系并非两虎相争，而是各尽其责，有时甚至还可以强强联手，取得“1+1＞2”的效果，助力科学家开展更高灵敏度、更高分辨率的射电天文观测。

此外，还应一提，为顺利实施我国首次火星探测，接收来自4亿千米以外的微弱信号，中国科学院国家天文台正在天津市武清区新建一架70米口径的射电望远镜。

【链接三】110米口径的QTT

1993年，中国科学院乌鲁木齐天文站（今新疆天文台）建成一架25米口径射电望远镜，观测波长最短可到7毫米。其所在的南山观测站坐落在欧亚大陆腹地，乌鲁木齐西南约50千米、海拔2000米的甘沟乡。欧洲VLBI网深知其地理位置的特殊重要性，因此力邀其加盟，结果皆大欢喜。这台射电望远镜以VLBI观测为主，参加了欧洲VLBI网、全球动力测地网、俄罗斯VLBI低频网、东亚VLBI网等。它在天体物理学领域取得了大量观测成果；在测地方面所得的乌鲁木齐南山站地理位置精度达到毫米级，成为中国和全球重要的地面参考点之一。

21世纪初期，为支撑我国天文学前沿领域跨越发展，支撑我国深空探测等国家重大战略任务，结合我国天文科技发展基础和设备布局，依托新疆的优势条件，我国天文界郑重提出在新疆建设一台110米口径全可动射电望远镜的建议。

2018年1月初，好消息在中国天文界传开：110米口径全可动射电望远镜项目已于2017年12月26日获得国家发改委批复，由中国科学院新疆天文台负责研制。因其选址在新疆维吾尔自治区昌吉回族自治州奇台县，故亦称“奇台射电望远镜”（简称QTT）。此处是一个相对封闭的盆地，远离人口密集城镇（图6-10）。

● 图6-10 QTT的建设台址位于新疆维吾尔自治区昌吉回族自治州奇台县。右上方小图为QTT模型。

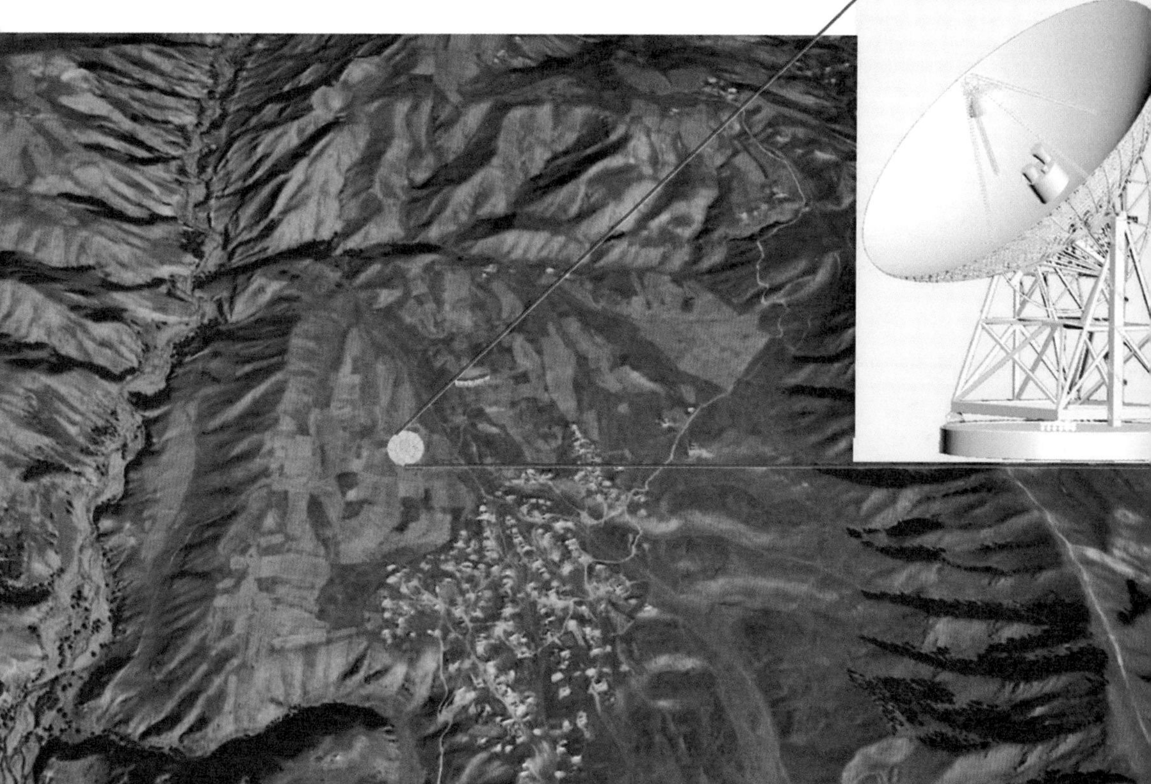

QTT是一台全可动、高灵敏度、世界领先的通用型射电望远镜，可从频率270兆赫至30吉赫实现多学科目标观测。它的主反射面具有主动调整功能，以克服重力和环境载荷影响。QTT建设地点新疆维吾尔自治区昌吉回族自治州奇台县半截沟镇石河子村位于东天山北麓，海拔1800米，周围有山体屏蔽，其水汽含量低、风速低的特点非常适于较高频率的射电观测。QTT可观测到四分之三的天空，包括银河系中心以南12°的天区……

建设QTT是我国射电天文学的又一次创新突破、进入世界领先地位的重大机遇。它将为天文学前沿领域提供一个世界级的观测平台，在引力波、脉冲星、快速射电暴、恒星形成、生命起源、星系黑洞及空间探测多科学目标等领域做出重要贡献。

QTT将为我国深空探测等国家重大任务提供强大的技术支撑。它地处欧亚大陆中心，可大幅提升我国地面和空间VLBI网整体灵敏度，并完善我国深空探测的东西测量网，是我国空间技术发展和执行国家战略任务的重要布局。与此同时，QTT的建设还将极大促进和带动高新技术生产力和基础研究在新疆的发展，在我国西部形成一个世界级的射电天文观测研究中心。

目前预期QTT将于2026年建成。

第二章　郭守敬望远镜（LAMOST）

本书第三篇“天文望远镜传略”第三章之“折反射另辟蹊径”一节谈到，为了使光学望远镜兼具大口径和大视场，自20世纪90年代以来，国际天文学界就在探索研制“反射式施密特望远镜”。中国天文学家在这方面走在了前头，“大天区面积多目标光纤光谱天文望远镜”（简称LAMOST）就是一个成功的范例。

LAMOST的研制历程大致是：1993年4月，以王绶琯院士和苏定强院士等为首的团队提议建设LAMOST，作为中国天文重大观测设备项目；1996年7月，LAMOST列入国家重大科学工程计划首批启动项目；2001年9月，国家发展计划委员会批准LAMOST项目开工报告，项目进入施工阶段；2008年10月，LAMOST落成典礼在中国科学院国家天文台兴隆观测基地举行；2009年6月，LAMOST顺利通过国家验收；2010年4月，LAMOST冠名为“郭守敬望远镜”……

在中国迄今已建成的天文观测设备中，郭守敬望远镜（LAMOST）是非常引人注目的。它是中国天文学家自主创新的望远镜，也是世界上口径最大的大视场望远镜以及光谱获得率最高的望远镜。它的工程难度和技术先进性，可与建造一架口径8～10米的望远镜比肩，它的建成也使中国初步具备了研制30米级光学望远镜的能力。

现在，让我们先来参观一下这架望远镜吧。

参观LAMOST

大天区面积多目标光纤光谱天文望远镜（LAMOST）这一名称，反映了它的若干

● 图6-11 2008年10月17日，本书作者卞毓麟在中国科学院国家天文台兴隆观测基地LAMOST建筑群前留影。照片方位为左北右南，相连的3座楼依次为：反射施密特改正镜MA楼（左）、焦面仪器楼（中）和球面主镜MB楼（右）。

主要特征：（1）视场大，因而观测天区面积也大；（2）可以同时观测视场内的许多目标；（3）在天文仪器光纤技术方面有重大发展；（4）建造此镜意在取得天体光谱资料方面实现新的突破等。

这架望远镜坐落在河北省兴隆县燕山南麓的中国科学院国家天文台兴隆观测基地，海拔约900米。它的建筑外观，由3座相连的楼组成：最北面的反射施密特改正镜MA楼、中间的焦面仪器楼和最南面的球面主镜MB楼（图6-11）。

图6-12是这3座楼内部的情况，同时画出望远镜光路的示意图。观测时，从遥远天体射来的光线，由非球面的改正镜MA（左）反射到球面主镜MB（右），经主镜MB

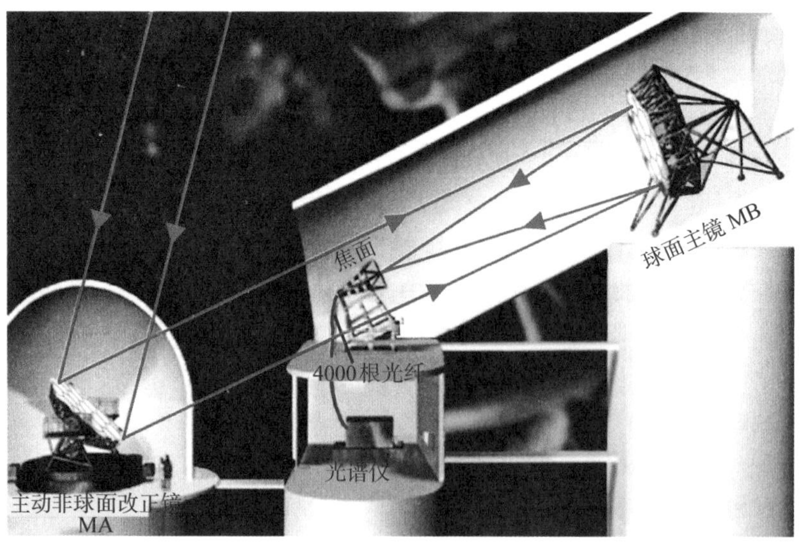

● 图6-12 LAMOST建筑内部情况，兼望远镜光路示意图。

反射后的光线会聚到焦面（中）成像。焦面上安置了4000根光纤，可以分别将4000个被观测目标的像一一传输到下层光谱仪房内16台光谱仪的狭缝上，然后由光谱仪后端的高灵敏CCD探测器记录下它们的光谱。主镜MB固定在地基上，改正镜MA安置在主镜北面，它们之间有个长达40米的类似镜筒的通道，望远镜的焦面就在通道内距离主镜20米处。长通道与地平面交成25°角，这实际上就是望远镜光轴的走向。

郭守敬望远镜的设计思想新颖独到，它是一架中星仪装置的卧式反射施密特望远镜。“中星仪”是指专门用于观测“中天”（即天体东升西落到达天穹上最高点）前后目标的一类望远镜。其主镜MB是固定的，改正镜MA则可以转动。观测时适当转动改正镜MA，可将中天前后2小时内的天体尽收眼底。

天体过中天时，在天穹上的位置最高，受地球大气影响最小。郭守敬望远镜采用中星仪装置，很适合于成批观测中天前后的天体。中星仪式的望远镜主要沿南北方向调节指向，东西方向不必大动，为望远镜的设计带来许多方便。采用中星仪装置，还有利于将郭守敬望远镜做成“卧式”，即镜身接近于横卧。这有利于把望远镜的焦距做得很长，焦面上像质良好的区域面积就很大——线直径达1.75米，从而可以在焦面上安插4000根光纤，分别引出4000个星像的光。

郭守敬望远镜的主镜MB由37块对角径1.1米、厚75毫米的六角形子镜拼接而成，总长6.67米，宽6.05米。非球面改正镜MA位于球面主镜的球心处，由24块对角径1.1米、厚25毫米的六角形子镜拼接而成，总长5.72米、宽4.4米（图6-13）。郭守敬望远镜对于不同天区的平均有效通光口径约4.3米，视场角直径是5°，拍摄的光

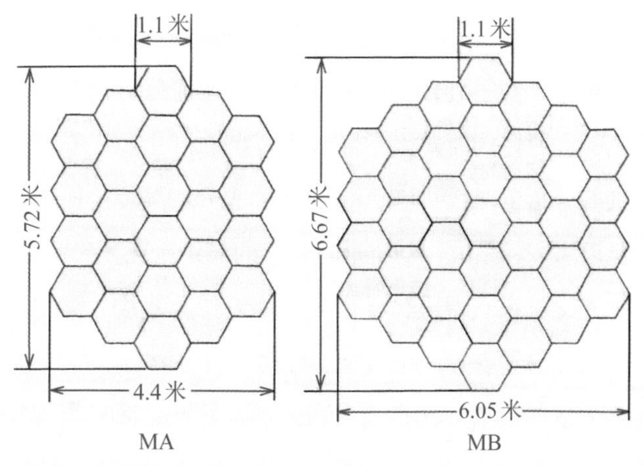

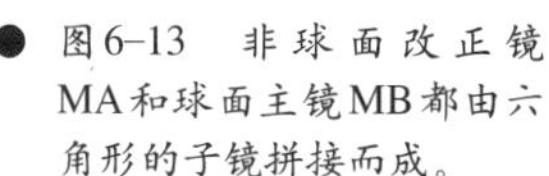
图6-13 非球面改正镜MA和球面主镜MB都由六角形的子镜拼接而成。

谱覆盖波长范围是370～900纳米，设计光谱分辨率为0.25～1纳米。

本书第三篇“望远镜中新天地”第三章之“新思维和新技术”一节，谈到针对大型望远镜巨大的镜面不可能绝对不变形，人们想出一种很聪明的对策：在镜子背面装上许许多多促动器，凭借电子计算机的帮助，随时随刻测出镜面形状与理想状态的偏差；同时，计算机据此立即发出指令，让镜面背后不同部位的促动器分别施力，把畸变的镜面形状实时纠正过来。这就是著名的“主动光学”技术。

利用主动光学，可以使拼接主镜MB的反射面始终保持为符合要求的球面。这倒还不算郭守敬望远镜的独门绝技，国外的一些大望远镜也做到了这一点。然而，那些望远镜都只有一面镜子应用主动光学技术，郭守敬望远镜却是非球面改正镜MA和球面主镜MB同时应用主动光学进行调节。尤其重要的是，改正镜MA的镜面形状并非要求固定不变，而是要求当望远镜处于不同的工作状态时，MA的镜面形状也随时按需调整。这就是说，需要利用主动光学实时产生可连续变形的高精度镜面。这项没有先例的高难度技术要求，郭守敬望远镜出色地实现了。

总之，使用郭守敬望远镜进行观测时，来自天体的光首先射向MA，然后反射到球面主镜MB，再由MB成像到焦面板上。

光谱获取率之王

直到19世纪初，人类对天体的观测研究，基本上还是局限于它们的空间分布和运动规律，对于天体的物理本质和化学成分可谓茫然无识。19世纪中叶，天体光谱观测的进展使局面发生了根本性的变化。天体的光谱宛如天体的“指纹”，对它进行仔细的分析，可以推断天体的化学成分和温度、压力、磁场等物理特征，求出天体的运动速度和距离，乃至推断它们的演化状况。

天文学家获得天体光谱的方法有“无缝法”和“有缝法”两大类。无缝法是在望远镜最前端安置一个“物端棱镜”，其优点是可以在望远镜焦面上同时形成视场中所有天体的光谱，缺点是光谱分辨本领低，而且当视场中天体较密集时，彼此的光谱容易交叠。有缝法是在望远镜焦面处安置“有缝摄谱仪”，并将待测天体成像于摄谱仪的"入缝狭缝"上，由此可获得极高的光谱分辨本领。通常的有缝摄谱仪每次只是观测一个天体的光谱，不存在不同天体光谱相互交叠的问题，但观测的效率很低。

到20世纪末，由光学巡天记录到的天体为数已达百亿，其中做过光谱测量的却不足万分之一。天文学家面临的问题是：能不能既保持有缝摄谱仪很高的光谱分辨本领，又做到一次同时测量许多天体的光谱呢?

起初，人们对此无计可施。20世纪80年代末，情况开始有了转机。那时，多光纤测谱技术渐趋成熟，借助一根根光纤，人们可以将望远镜焦面上不同星像的光一一引往同一架摄谱仪。这些光纤的末端整齐地排成一直线，一起对准摄谱仪的入射狭缝。如此，可以同时获得好几百个待测天体的高分辨光谱。

郭守敬望远镜可覆盖的观测天区超过2万平方度，约为整个天空的一半。它实现了大口径兼备大视场的追求，同时使用的光纤多达4000根，这种巨大的优势，使它的光谱获取率远远高出世上现有的其他仪器，故被誉为天体光谱获取率之王。

郭守敬望远镜每次观测哪些目标，都要预先做好计划。4000根光纤决定了一次就可以同时观测4000个目标。将4000个待测天体的坐标输入计算机，就可以算出每个天体在焦面上成像的准确位置。但是，下一次观测另外4000个天体，它们在焦面上成像的位置就变了。问题是，4000根光纤怎样才能较快地一一对准所观测的对象呢?

光纤定位，是郭守敬望远镜的一项极为关键的技术。4000根光纤中的每一根都像一颗眼珠，或者说像一位"值班员"，它必须在很短的时间内精准地抓住自己的观测目标。为此，郭守敬望远镜的研制团队创造性地发明了一种"并行可控式光纤定位系统"：在望远镜的焦面上安装一块直径为1.75米的焦面板，它由基座上的"光纤板架"支撑。焦面板上宛如蜂巢似的精确安置了4000个孔，每个孔上安装一个光纤定位单元（图6-14）。每个单元的头部各插入一根光纤，由两个微型电机驱动，通过双回转运动各就各位。光纤从定位单元的空心轴孔中穿过焦面板，引向光纤板架楼下的光谱室。每根光纤在光纤板上移动的有效覆盖范围是一个直径33毫米的圆，相邻两个光纤定位单元的中心距是25.6毫米，因此相邻单元的覆盖区域互有重叠，这

● 图6-14 排列整齐的光纤定位单元阵（来源：LAMOST团队）。

样既可以消除盲区，又有利于提高观测效率。

在焦面板上分成4000个小区、并行可控4000根光纤的技术，是郭守敬望远镜的首创。这种方法的定位精度优于40微米，定位时间少于15分钟，在世界上均处于领先地位。望远镜采用卧式装置，可使焦面光纤板架和光谱仪均保持不动，光纤束也基本固定，故容许设置多达16台的光谱仪同时工作，并保持稳定、牢靠，需要更换光纤板时操作也较简便。

每个晴夜，郭守敬望远镜可以观测多达上万个天体的光谱。2015年3月，中国科学院国家天文台向全世界公开发布郭守敬望远镜的首批巡天光谱数据。

2019年3月28日，国家天文台召开新闻发布会，向全球发布郭守敬望远镜7年巡天的光谱数据集LAMOST-DR6，光谱数量首次突破千万量级，达到1125万条光谱，总共包括4902个观测天区。DR6中的高质量光谱数量达937万条，约为国际上其他巡天项目发布光谱数之和的2倍。同时，DR6发布数据中还包括一个含636万组恒星光谱参数的星表，它是迄那时为止世界最大的恒星参数星表。

LAMOST-DR6光谱集是当时世上天区覆盖最完备、巡天体积和采样密度最大、统计一致性最好、样本数量最多的天文数据集。它是中国天文基础数据库第一笔大规模的宝贵储备，为大量研究课题提供了强有力的基础性数据。

2020年3月31日，中国科学院国家天文台发布LAMOST-DR7数据集，它比DR6又增添了新的一年巡天结果，累计光谱数量达到1448万条，高质量光谱数量达1143万条。

如今，国际上数以百计的科研机构和高校的科学家，正在利用郭守敬望远镜光谱巡天的海量数据开展研究工作，并在银河系结构与演化、恒星物理研究、特殊天体搜寻等重要前沿领域取得一系列有影响力的成果。例如，2019年11月，国家天文台的科学家宣布发现一个70倍太阳质量的恒星级黑洞，就是基于郭守敬望远镜的数据取得的重要成果，下一节就来讲它的故事。

"怪异黑洞"及其他

本书第一篇"极简的宇宙景观"第三章之"恒星的归宿"一节谈到，质量很大的恒星最终坍缩时，星体变得越来越小，引力变得越来越强，以至于任何东西一旦被它吸进去，就再也出不来了——就连光线都无法逃脱：它成了一个黑洞。这种黑洞称为恒星级黑洞，有人甚至戏称它为星体"木乃伊"。

还有其他类型的黑洞。例如本书第五篇"太空电波话今昔"第二章之"类星体之谜"一节，说到"类星体能源之谜"的答案在于：在类星体的中央，存在着一个质量可达太阳10亿倍的超大质量黑洞!

黑洞确实很迷人。下面这个故事，引起了各国天文学家的广泛关注。

2019年11月28日，英国著名的《自然》杂志在线发布，中国科学院国家天文台也在新闻发布会上宣布：依托郭守敬望远镜的光谱巡天数据，该台的天文学家发现了一个迄今所知质量最大的恒星级黑洞，其质量达太阳质量的70倍左右。

此事始于2016年初，中国天文学家开始用郭守敬望远镜考察双星系统的光谱。他们选择一个小天区中的3000多个天体，进行为时两年的监测。在此过程中，研究者们发现有一颗B型星的光谱中有一条氢原子的光谱线（Hα发射线）行为很特别，令人不得不怀疑这颗B型星正在绕着一个看不见的物体——极可能是一个黑洞——做椭圆轨道运动。后来，他们又多次使用西班牙口径10.4米的加纳利大望远镜和美国口径10米的凯克望远镜进行高分辨率的观测，进一步确认了这颗B型星的性质：其质量约为太阳的8倍，金属丰度（表征其组成物质中除了氢和氦以外，所有其他元素之多寡）约为太阳的1.2倍，年龄约3500万年，距离我们1.4万光年。他们还推算出：这颗B型星绕之转动的那个不可见天体的质量达太阳的70倍，因此它必定是个黑洞。天文学家将这个黑洞双星系统命名为LB-1（图6-15），L就代表LAMOST。

● 图6–15 著名太空画家喻京川的作品《黑洞LB–1》。画面中央是黑洞，其左边稍偏上的明亮天体就是与之相伴的那颗B型星（喻京川提供）。

这个黑洞究竟是怎样形成的呢？

如果这个黑洞的前身星与那颗B型星由同一团星云形成，即它们形成的环境条件相同，那么它们就应该具有相同的金属丰度——约为太阳金属丰度的1.2倍。然而，按照目前公认的恒星演化理论，在与太阳金属丰度相去不远的情况下，至多只能形成25倍太阳质量的黑洞，这与70倍太阳质量差得太远了。

再说，如果根据现行的恒星演化理论倒过来推算，那么70倍太阳质量黑洞的前身星的金属丰度就应该低于太阳金属丰度的1/5。如此看来，莫非此黑洞的前身星与那颗B型伴星并非在同一环境中诞生——它们只是一对不期而遇的“半路夫妻”？这种可能性有多大呢？人们还缺乏更多的证据。

甚至也有可能，LB–1最初是一个三体系统，那颗B型星是质量最小的一个成员，位于最外轨道上；内部的双星最初形成了双黑洞，后来又并合成了现在这个黑洞。倘若果真如此，那么它就为研究三体系统中双黑洞的形成提供了得天独厚的实验室。

黑洞不发光，但是双星中的黑洞会以极其强大的引力吸引伴星的气体物质，使这些气体物质沿着螺旋状的轨迹落向黑洞，并在即将掉入黑洞之前发出明亮的X射线——宛如被黑洞吞噬前的“回光返照”。迄今，银河系中几乎所有的恒星级黑洞都是通过X射线观测发现的。近年来才有了一种寻找黑洞的新方法，即探测由两个黑洞合并所产生的引力波，并据此来反推黑洞之存在与性质，此处不再详述。

过去半个世纪中，通过X射线发现的恒星级黑洞约有20来个，质量都不超过太阳的20倍。黑洞双星系统发出X射线者只占少数，例如LB-1就从未在任何X射线观测中现身。这个70倍太阳质量的黑洞，颠覆了以往的认知，必将有力地促进恒星演化和黑洞形成理论的革新。

发现这个“怪异黑洞”是个好兆头。它可能标志着利用郭守敬望远镜的光谱巡天优势搜寻黑洞的新时代即将到来。天文学家估计，采用同样的方法，未来5年或许能发现近百个新黑洞!

世称“轮椅天才”的英国科学斯蒂芬·霍金生前说过:“黑洞比科幻作家想象的任何东西都更奇妙”。中国天文学家取得的这项成果，又给黑洞传奇书写了新的一页。

除了黑洞，天文学家利用郭守敬望远镜的光谱资料还取得了许多重要成果。例如，为银河系重新“画像”；基于大样本数据发现银河系并合矮星系的证据；构建了目前世界上最大的、适合现有大望远镜跟踪观测的贫金属星的样本和最大富锂巨星样本等等。

总之，郭守敬望远镜正在有力地推进中国在恒星、银河系、河外星系等诸多领域的研究，使中国在21世纪前期的国际天文竞争中形成某些方面的明显优势。

第三章 “悟空”和“慧眼”

“悟空”侦查暗物质

2017年11月27日，中国科学院院长白春礼在暗物质粒子探测卫星“悟空号”首批科学成果新闻发布会上，满怀深情地致辞：“从2015年12月‘悟空号’升空之后，关于‘悟空’的科学成果大家期盼已久，今天要公布第一批成果。因此，今天是一个非常重要的日子……中国科学家已经从自然科学前沿重大发现和理论的学习者、继承者、围观者，逐渐走到了舞台中央。中国科学院、中国科学家长期以来在基础科学前沿的投入和付出也有了突破……”

那么，“悟空号”卫星究竟是怎么一回事？这火眼金睛的“悟空”又看到了什么呢？

本书第一篇“极简的宇宙景观”第四章之“暗能量和暗物质”一节，简略介绍了这神秘的两“暗”。如何切实地探测它们，查明它们的本质，乃是当今天文学和物理学的重大课题。

暗物质不发出任何种类的电磁波，我们只能觉察它的引力效应，但绝不会看见它发光。如今，暗物质粒子的确切本质还远未查明，但大致可以推断：它不带电、大质量（比质子重得多）、长寿命（可与宇宙年龄相比）、具有正常的引力相互作用。问题是，人们怎样才能探测到暗物质粒子呢？

有三种可能的途径，科学家们昵称它们为“上天”“入地”和“人造”。“上天”是到太空中做间接探测实验，以减少地球大气层的干扰；“入地”是在地下深处的实验室中进行直接探测，可减少宇宙线的干扰；“人造”是利用强大的加速器，将普通物质粒子加速到极高的能量，以期通过它们的对撞产生暗物质粒子。

这三种方法，犹如三个不同的兵种，为打赢探索暗物质之役而各显神通。其中，“入地”和“人造”两种方法由物理学家为主来操持。这里着重介绍一个“天文味”浓厚的“上天”项目——我国于2015年12月17日发射上天的“悟空号”暗物质粒子探测卫星（Dark Matter Particle Explorer，简称DAMPE）。这颗卫星通过全球公开征名活动，共收到有效方案32 517个，以数据统计为基础，经专家评委投票，由中国科学院批准，最终正式命名为“悟空”。齐天大圣孙悟空这个名字魅力十足，有利于吸引青少年热爱科学探索未知。“悟”是领悟，“悟空”有领悟太空之意；“悟空号”要像孙悟空那样，用自己的“火眼金睛”在茫茫太空中识辨暗物质的踪影。

“悟空号”是中国科学院空间科学战略性先导科技专项（详见【链接四】）中首批立项研制的4颗科学实验卫星之一（图6–16），也是我国发射的第一颗天文卫星。“悟空”项目的首席科学家是常进研究员，他于2019年2月任中国科学院紫金山天文台台长兼国家天文台副台长，同年11月当选中国科学院院士，2020年10月任国家天文台台长。

● 图6–16 “悟空号”暗物质粒子探测卫星是中国科学院空间科学战略性先导科技专项中首批立项研制的科学实验卫星之一，也是中国发射的第一颗天文卫星。

“悟空号”是目前世上观测能量范围最宽、能量分辨率最优的暗物质粒子探测卫星。它的有效载荷为1410千克，包括4台科学仪器，分别称为“塑闪阵列探测器”“硅阵列探测器”“BGO量能器”和“中子探测器”，所有探测器以及电子设备全都安装在1立方米的空间内。在高能粒子和γ射线的能量测量准确度，以及区分不同种类粒子的本领这两项关键技术指标方面，“悟空号”均领先世界。“悟空号”的主要科学目标，是以更高的能量和更好的分辨率来测量宇宙线中正负电子之比，以找出可能的暗物质信号，研究暗物质的特性与空间分布规律。同时，它也可望加深人类对高能宇宙线起源的理解，并在γ射线天文学方面做出新发现。

高能宇宙线，是指来自宇宙的具有很高能量的带电粒子流。宇宙线最初是物理学家维克特·弗朗西斯·赫斯（Victor Francis Hess）于1912年发现的，为此他荣获了1936年的诺贝尔物理学奖。一般认为，宇宙线的源头是超新星爆发，据此通过理论计算可以得知不同能量宇宙线的强度应有怎样的分布。

那么，为什么测量高能宇宙射线有可能发现暗物质呢？

如上所述，宇宙线的源头一般认为是超新星爆发。但是，倘若存在暗物质的话，那么暗物质湮灭时就会产生额外的宇宙线。这时探测到的宇宙线，会同起源于超新星的标准模型有所差异，多出来的那一部分就可能来源于暗物质的湮灭或衰变。暗物质的间接探测，就是试图找到多出来的那一部分宇宙线。因为地球大气对宇宙线起屏蔽作用，所以这类探测需要将空间探测器发射到大气层外进行。1976年诺贝尔物理学奖获得者丁肇中主持的阿尔法磁谱仪（简称AMS）项目中，有一个暗物质粒子探测卫星AMS-2，就是应用这一原理设计研制的。“悟空号”探测暗物质所依据的原理也是如此。

2017年年底，“悟空号”首批科学成果发表。科学家在“悟空号”的观测数据里发现，在1.4 TeV（TeV即“太电子伏”，$1\ \text{TeV}=10^{12}\ \text{eV}=1.602\times10^{-7}\ \text{J}$）处呈现出一个从未料到的尖锐结构，这一异常的能谱特征可能是暗物质存在的新证据。倘若后续研究证实这一现象与暗物质有关，人类就可以跟随“悟空号”的足迹去探寻在宇宙中仅占5%的普通物质以外的未知世界了。

几年来，“悟空号”取得了不少重要成果。2019年9月底，“悟空号”国际合作组在宇宙线质子能谱研究中又有新发现。质子是宇宙线中数量最多的粒子，对质子的研究也成了宇宙线物理研究的重点。此次国际合作组发表的从40 GeV到100 TeV的宇宙线质子能谱测量结果，是国际上首次成功利用空间实验对高达100 TeV的宇宙线质子能谱实现精确测量。

在宇宙线能谱中，如果高能量粒子占比多，就称为“硬”，反之则称为“软”。“悟空号”的测量结果确认了质子能谱在1 TeV处的变硬行为，这在此前已由其他实验发现；更重要的是，“悟空号”首次发现质子能谱在约14 TeV处出现明显的变软结构，这在以往的探测中还从未发现过（图6–17）。

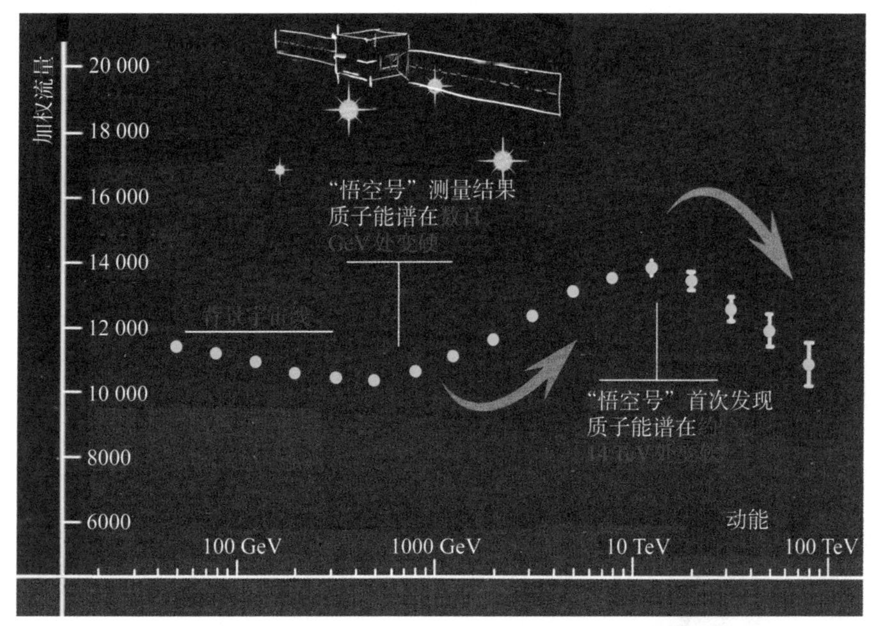

● 图6–17 “悟空号”首次发现质子能谱在约14 TeV处出现明显的变软结构。

发现质子能谱变硬又变软这一新特征，为理解高能宇宙线的起源以及加速机制提供了新的启发。14 TeV处的能谱变软结构，很可能是地球附近个别宇宙线源，比如超新星遗迹留下的印记，拐折能量对应于这个源的加速上限。也有另外一种可能性，即银河系中存在不同种类的宇宙线源，它们的宇宙线能谱互有差异，其总和便呈现出所观测到的复杂能谱结构。

“悟空号”暗物质粒子探测卫星原定工作期限为3年。2020年12月17日，“悟空”科研团队宣布，鉴于“悟空号”卫星上的所有载荷都工作正常，各项性能指标和发射初期相比没有显著变化，有关各方商定再次将其“服役期”延长1年。这已是“悟空号”的第二次“延寿”，它将继续在太空中努力地工作，持续地积累科学数据，发表更多的观测成果，特别是对不同核素宇宙线的能谱测量，必将为宇宙线学科发展做出重大的贡献。

目前，“悟空”项目团队还在开展下一代卫星“甚大面积γ射线空间望远镜”（简称VLAST）项目的技术攻关。与“悟空号”相比，VLAST侧重对γ射线的高灵敏度探测，其探测能力较“悟空”提升50倍以上。也许，它能帮助人类追踪到暗物质的具体踪迹。

多才多艺的“慧眼”

“慧眼”（英文名Insight）卫星，是“硬X射线调制望远镜”（简称HXMT）启用后冠名的，寓意其目光深邃，能穿透星际物质的遮挡而聚焦于中子星、黑洞等遥远天体，并在接收到X射线后立即调制成像；以“慧眼”冠名，又是为了纪念积极推动中国高能天体物理学起步与发展的老一辈著名科学家何泽慧先生（图6–18）。

● 图6–18 我国杰出的物理学家何泽慧院士（1914—2011）。

何泽慧先生1914年出生于江苏苏州，祖籍山西灵石。她1936年毕业于清华大学物理系，1940年在德国柏林工业大学获工程博士学位，并先后在德国和法国从事核物理研究。1946年她与清华大学时代的同窗、当时在法国工作的核物理学家钱三强先生喜结连理。1946—1948年在法国与钱三强等一起发现铀原子核的三分裂和四分裂现象。1948年何泽慧回国，自1949年起先后任中国科学院近代物理研究所、原子能研究所和高能物理研究所研究员，并曾任后两个研究所的副所长。1980年何泽慧先生当选中国科学院院士。她为开拓中国原子能科学事业并配合核武器研制所做出的贡献，为积极推动中国宇宙线物理和高能天体物理的研究所付出的努力，以及她高尚的人品，都深深地受到人们敬仰。2011年6月20日，何泽慧先生在北京逝世，享年97岁。

何泽慧先生去世前3个月，2011年3月，HXMT正式立项，进入工程研制阶段。同“悟空”一样，“慧眼”也是中国科学院空间科学战略先导专项（见【链接四】）中的一项。它是我国的第一颗X射线天文卫星，既可以实现宽波段（1 ～ 250 keV）、大视场的X射线巡天，又能够研究黑洞、中子星等高能天体的短时标光变和宽波段能谱，同时又是一架高灵敏度的γ射线暴全天监视仪。“慧眼”的定位精度为1′，分辨角为5′。它包含高能、中能、低能三个X射线望远镜，并具有扩展到0.2 ～ 3 MeV能段探测γ射线的能力。

早在20世纪90年代初，中国科学家已开始酝酿HXMT计划，当时国际上还没有硬X射线波段的巡天计划。21世纪初，国外几颗硬X射线卫星先后上天，开辟了认识宇宙的硬X射线窗口。“慧眼”卫星后发制人，综合性能比它们更高。

2017年6月15日，“慧眼”卫星在我国酒泉卫星发射中心成功发射升空，运行状况良好。“慧眼”的设计寿命为4年，呈立方体构型，总重约2.5吨。它是继“悟空号”暗物质粒子探测卫星和“墨子号”量子科学实验卫星等之后，中国又一颗重要的空间科学卫星。“慧眼”于2018年1月30日正式交付使用。其先进的暗弱变源巡天能力、独特的多波段快速光变观测能力等，在世界现有X射线天文卫星中，皆占有优势（图6-19）。

“慧眼”卫星已经取得多项颇具显示度的成果。参与监测引力波事件GW170817的电磁对应体就是著名的一例。本书第一篇“极简的宇宙景观”第三章之链接一“时空的涟漪”一节，已对引力波做了简介。2017年8月17日探测到的引力波事件GW170817，出现引力波信号的时长近100秒，而此前探测到的几次引力波信号时长都不超过2秒。前几次引力波事件都不伴随电磁波辐射，由此可以推断它们都起源于双黑洞的合并。GW170817则不然，世界各地和空间的许多望远镜都接收到了与其相应的电磁波信息，从射电波直到X射线都有。据此从理论上推断，这是一次双中

● 图6-19 “慧眼”(HXMT) 卫星艺术形象图。

子星（而不是黑洞）并合事件，其源头在长蛇座的椭圆星系NGC 4993中，距离我们1.3亿光年。

2017年10月16日，全球发布由双中子星并合产生引力波GW170817的联合观测成果。全世界仅有4台设备有能力监测与GW170817相对应的γ射线暴，而“慧眼”在其工作能段（MeV）上所具备的探测能力是最强的。引力波事件GW170817发生时，“慧眼”监测了引力波源所在的天区，确定了其电磁辐射对应体的γ射线流量上限。与此同时，中国科学院紫金山天文台也在新闻发布会上宣布，该台的南极望远镜AST3-2（见本篇第五章之“在南极冰穹A上”）从GW170817引力波事件发生24小时后，在可见光波段对其进行了持续10天的有效观测，获得大量重要数据。这些，都为全面理解该引力波事件及其电磁辐射对应体的物理机制做出了重要贡献。

“慧眼”卫星完成了国内最高精度的X射线脉冲星导航试验，还多次参加国际空间和地面联测，进一步验证了航天器利用脉冲星自主导航的可行性，为未来在深空的实际应用奠定了基础。2019年8月21日美国著名学术期刊《天体物理学报》(增刊)正式刊出这一成果。

“慧眼”的成功发射和运行，使中国在国际竞争激烈的高能天体物理观测领域占有重要的一席。它显著提升了中国大型科学卫星的研制水平，填补了中国X射线探测卫星的空白，使中国高能天文研究进入空间观测的新阶段，显著提高了中国在空间科学领域的国际地位和影响力。

【链接四】中科院空间科学先导专项

中科院空间科学先导专项，是“中国科学院战略性先导科技专项‘空间科学’”的简称。

2010年3月31日，国务院第105次常务会议审议通过中国科学院“创新2020”规划，同意中科院实施“战略性先导科技专项”，以形成重大创新突破和集群优势。2011年1月，“空间科学”作为4个首批启动的先导专项之一，正式启动实施。另外3个专项是:“干细胞与再生医学研究”“未来先进核裂变能”和“应对气候变化的碳收支认证及相关问题”。

中国科学院空间科学先导专项，是我国迄今最大规模的科学卫星计划，也是我国首次以重大基础科学发现为主要目标的卫星计划。专项一期部署的“悟空号”暗物质卫星、“实践十号”返回式科学实验卫星、“墨子号”量子卫星和“慧眼号”硬X射线调制望远镜，先后发射，全部告捷，大幅提升了中国在空间科学领域的国际声誉。“悟空”“墨子”还同“天宫”“蛟龙”“天眼”“大飞机”等重大成果，作为创新型国家建设的丰硕成果，一起写进了2017年10月18日习近平总书记在中国共产党第十九次全国代表大会上的报告《决胜全面建成小康社会　夺取新时代中国特色社会主义伟大胜利》。

2018年7月4日，中国科学院宣布“空间科学(二期)”战略性先导科技专项正式启动。在“悟空”“墨子”“慧眼”和“实践十号”等科学卫星相继取得重大成果和社会影响后，专项二期瞄准“宇宙和生命起源与演化”“太阳系与人类的关系”两大科学前沿，在时域天文学、太阳磁场与爆发的关系、太阳风—磁层相互作用规律、引力波的电磁辐射对应体等方向开展卫星研制。此外，专项还部署了一批概念研究、预先研究、背景型号、科学卫星任务规划与数据分析等项目。

上面提到的时域天文学，是现代天文学中的一个新兴研究领域。它的主要内容是：发现宇宙中的变源、暂现源和剧烈爆发天体，监测它们的位置、速度、亮度、颜色及频谱随时间的变化，探究与此相关的现象和物理规律。例如，在射电天文学中，脉冲星就一直是时域天文学的重要研究对象。

变源，包括各类变星、双星、活动星系核等，这是人们比较熟悉的。暂现源是在短时间内出现，又消失得相当快的天体；剧烈爆发天体是短时间内亮度突然出现数量级式增长的天体。暂现源和剧烈爆发天体之间往往并无判然分明的界线，较常见的有恒星耀发、各类新星、超新星、γ射线暴、快速射电暴等。这些天文现象主要源自两类天体物理过程。一类是天体自身的突变，比如恒星的塌缩、黑洞或中子星的并合，典型天体如超新星、γ射线暴等。另一类产生于极端物理环境中，比如黑洞和中子星周围的超强引力场及磁场，典型天体如X射线双星。

这些突发性事件出现的时间和空间都很难预测。为了能及时地捕获相关的信号，就需要有大视场的望远镜频繁地进行全天监测。例如，暂现源和剧烈爆发天体的辐射普遍能在X射线波段被探测到，第三篇“望远镜中新天地”之第四章曾提及美国的钱德拉X射线天文台有诸多长处，但它的视场太小，全天监测X射线尚需另辟蹊径。

中国科学院通过严格的遴选，最终确立为空间科学先导专项（二期）工程任务的包括“爱因斯坦探针”（简称EP）、“引力波暴高能电磁对应体全天监测器”（简称GECAM）、“先进天基太阳天文台”（简称ASO-S）等。此外，还和欧洲空间局共同遴选、立项了“太阳风—磁层相互作用全景成像卫星”（简称SMILE）国际合作计划。这些卫星预期将于21世纪20年代前期发射。

“爱因斯坦探针”（EP）是一颗面向时域天文学和高能天体物理的天文探测卫星（图6-20），由中国科学院主导，欧洲空间局（ESA）和德国马普地外物理所（MPE）参与合作。其主要目的是在软X射线波段开展快速时域巡天，以期发现和探索宇宙中的高能暂现和爆发天体、监测天体的X射线光变；并在X射线波段快速开展深度

● 图6–20 爱因斯坦探针（EP）卫星科学载荷构型图。中央是两台小视场的后随X射线望远镜（FXT）、周围是分成12个模块安装的宽场X射线望远镜（WXT）（袁伟民提供）。

的后随观测，以查明暂现源的本质及物理过程。“爱因斯坦探针”卫星的科学载荷，包括一台全天监视型的“宽视场X射线望远镜”（WXT）和两台小视场的“后随X射线望远镜”（FXT）。这颗卫星能在发现暂现源后快速发布警报，以引导其他天文设备及时进行后随观测。

“引力波暴高能电磁对应体全天监测器”（GECAM），是专为探测引力波高能电磁对应体而设计的。它采用一系列创新的技术方案，不仅具有全天视场、高灵敏度、良好定位精度、宽能段和低能阈的综合性能优势，而且能即时发布观测警报，引导其他观测设备进行后随观测。GECAM由两颗相同的卫星组成，它们运行在高度为600千米的相同轨道上，且时刻位于地球两端，就像一双眼睛时刻监测着整个天空。2018年12月，GECAM正式批复立项，2020年12月10日用“长征十一号”运载火箭发射入轨（图6–21）。

“先进天基太阳天文台”（ASO–S）是我国首颗空间太阳专用观测卫星，本篇第四章“注视太阳的眼睛”还会做进一步的介绍。

图6-21　喻京川太空美术《中国引力波暴探测卫星GECAM双星》（数字作品）（喻京川提供）。

第四章　注视太阳的眼睛

太阳大气和空间天气

从地球上看去，太阳是最壮丽辉煌的天体。本书第一篇“极简的宇宙景观”之“太阳的燃料”一节扼要介绍了太阳的能量来源和内部结构。现在，再来看看太阳的外层——太阳大气，它又可分为光球、色球和日冕三个主要层次。

人们平时所见发出强烈光芒的太阳表面叫作光球层，其厚度约为500千米。光球层下方的对流层（即图1-06中的对流传能区）已属太阳内部，我们无法直接看见。光球层上方的色球层厚度很不均匀，约从2000千米至万余千米。色球层中的物质非常稀薄，发出的光远不如光球那么强，平时要用专门的“色球望远镜”才能看到它。日全食时月球挡住了太阳的光球层，人们便可以目睹太阳边缘那一圈粉红色的色球层了。整个色球层状似大片的火海，不时有玫瑰色的火舌升腾而起，它们称为日珥，有些日珥上升的高度甚至可达上百万千米。

色球层再向上，就是太阳的最外层大气——日冕。日冕延伸得很广，它的银白色光辉十分动人，但它比色球层还要暗弱得多，因此一般只能在日全食时一睹它的风采。

太阳虽然貌似平静，却经常会发生一些存在时间较短的“事件”，它们被称为“太阳活动”。太阳活动的形式和内容都很丰富，其中最显著而又长寿的是太阳黑子。

太阳表面的温度约为5500℃，黑子的温度则要低1000℃左右，因而显得暗一些。黑子经常成群出现，称为黑子群。日面上黑子群的多寡，每个群内黑子的分布情况以及结构的复杂程度，直接反映了太阳活动的水平（图6-22）。

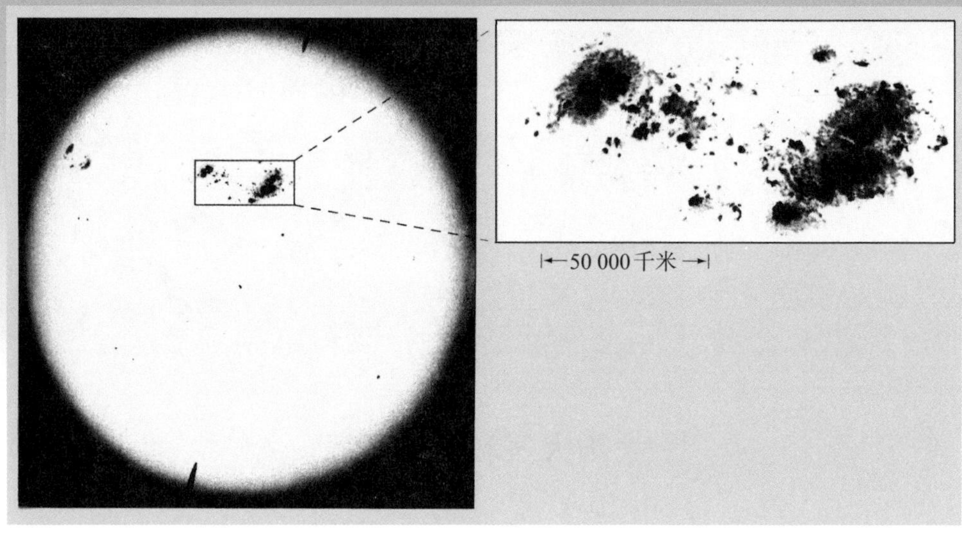

● 图6-22 一个跨度超过150 000千米的巨大黑子群。

黑子附近常有一些比周围环境更亮的斑块，称为光斑。黑子和光斑都是光球层中的现象。在色球层中，也有一些较亮的区域，称为谱斑。谱斑的形态与光斑相似，位置也和光斑对应，可见两者有着某种实质性的联系，而这种联系的纽带就是磁场。谱斑经常会突然增亮，这就是著名的耀斑现象。大多数耀斑发生在黑子群上空及其附近，它们是太阳大气中爆发性的能量释放过程，持续时间为几分钟至几小时。在太阳X射线望远镜拍摄的太阳像上，常可看到日冕中会出现一些特别亮的小区域，称为日冕凝聚区。有时还会发生大团日冕物质突然抛出的现象，称为日冕物质抛射。

黑子、耀斑和日冕物质抛射这3种剧烈的太阳活动现象，都与太阳的强磁场活动有关。也许，正是磁场把它们联系在一起，而以这样的次序相继发生：首先是光球层出现大黑子群，在黑子群中发展出复杂的磁场结构，继而引起强耀斑爆发（图6-23），并触发日冕物质抛射。当然，各种太阳活动现象相互之间的联系是复杂的。有时候虽然没有黑子，却仍有耀斑和日冕物质抛射。

太阳耀斑和日冕物质抛射涉及的能量非常巨大。一个大耀斑在几十分钟内释放的能量，往往就与爆炸上百亿颗百万吨级的氢弹相当。耀斑会辐射出强烈的电磁波——从γ射线和X射线、紫外线、可见光直至红外线和射电波，并抛射出大量高能

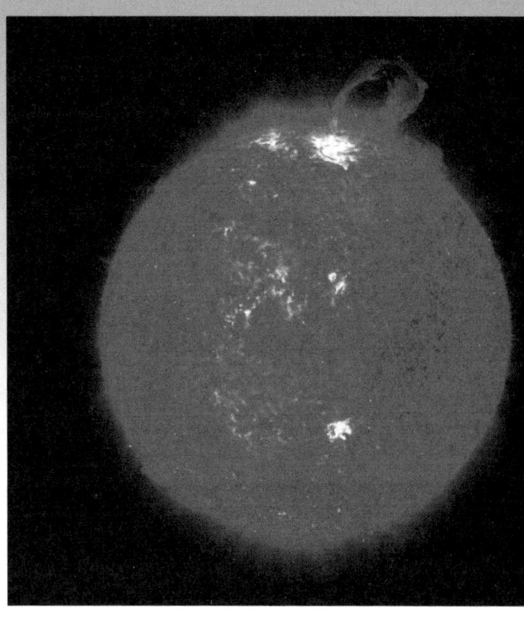

● 图6–23 带一个大日珥（顶部略偏右）的太阳色球像，上部和下部各有一个特别明亮的耀斑。

带电粒子（包括电子、质子、重离子等）。一次日冕物质抛射事件可以抛出上百亿吨的物质，它们的运动速度可达50～2000千米/秒，并由此产生强大的激波和各种扰动。

太阳的上述剧烈活动，会严重影响地球及其附近空间的物理状态。科学家们将由太阳活动引起的日地空间短时间尺度的变化，称为空间天气。灾害性的空间天气会造成许多严重后果：损坏人造卫星上的仪器和太阳能电池板，致使卫星控制失灵和轨道发生变化，乃至威胁航天员的安全；造成地球上的地磁暴和电离层暴，从而严重影响导航和无线电通信，甚至影响地球的气候等。例如，1989年3月一系列太阳耀斑发射的等离子体引起地磁暴，使加拿大魁北克地区的电力系统遭到严重破坏，造成供电中断9小时。又如，1991年3月，几次大耀斑发射的高能粒子流，损坏了日本广播卫星的电池板，造成供电不足，致使其三个频道之一无法工作。因此，近几十年来，包括中国在内的一些国家已经越来越重视空间天气的监测和预报，并逐步建立起密切的国际合作。

为了更深刻地理解太阳上发生的各种物理过程，以及进一步提高空间天气监测和预报的能力，不仅需要研制性能更为完善的地面观测设备，而且必须将各种太阳专用空间探测器发射上天。这些探测卫星的发射，将太阳物理学研究从可见光和部分射电波段推进到了全波段观测，取得了前所未有的辉煌成果。

地基太阳观测设施

中国的太阳物理学研究，在国际上位居前列。几十年来研制成功一批重要的地基观测设施，如太阳多通道望远镜、一米新真空太阳望远镜、明安图射电频谱仪日像仪等，取得的成绩有目共睹。

坐落在北京市怀柔水库北岸的中国科学院国家天文台怀柔太阳观测基地（图6–24），距离北京市中心约60千米，1984年由艾国祥院士主持建成，后来发展为国际顶级的太阳观测台站之一。目前在怀柔太阳观测基地运行中的观测设备主要有：（1）35厘米口径太阳磁场望远镜（1984年建成），装备有国际先进水平的双折射滤光器，可获得光球矢量磁场和视向速度场、色球视向磁场和视向速度场数据；（2）60厘米口径三通道太阳磁场望远镜（1994年建成），装备具有我国科学家独创的三通道双折射滤光器，可同时提供光球和色球矢量磁场数据；（3）全日面太阳光学和磁场监测望远镜（2006年建成），包括全日面磁场望远镜（物镜口径10厘米）和全日面色球望远镜（物镜口径20厘米），可获得全日面的太阳矢量磁场和全日面色球观测数据，在国际上率先实现了全日面矢量磁图的常规发布，用于大尺度太阳活动监测研究和太阳活动预报及空间天气环境监测，是国家空间环境监测预警三网系统的骨干设备。

● 图6–24 中国科学院国家天文台怀柔太阳观测基地（怀柔基地提供）。

如今，怀柔太阳观测基地正在承担国家基金委重大仪器专项“用于太阳磁场精确测量的中红外观测系统”（简称AIMS望远镜）和中科院空间科学先导专项“先进天基太阳天文台（ASO-S）卫星”的“全日面矢量磁像仪（简称FMG，见下节对ASO-S的介绍）”载荷的研制任务，将基地太阳观测设备从可见光观测拓展到中红外波段，将地面设备发展到空间领域。

AIMS望远镜是国家自然科学基金委员会资助的国家重大科研仪器研制项目，由中国科学院国家天文台、西安光学精密机械研究所和上海技术物理研究所共同研制，计划2021年年底建成，坐落于青海省海西蒙古族藏族自治州茫崖市冷湖镇的赛什腾山上，海拔约4000米。此望远镜主镜口径1米，配置世界领先的成像红外光谱仪（简称FTIR），可获取中红外太阳矢量两维磁场数据，以此力求解决太阳磁场测量百年历史中的两个瓶颈，即所谓的“偏振测量反演到磁场过程中对太阳大气模型的依赖”和“横向分量测量精度远低于纵向分量”的问题；提供更精确的磁场测量数据，促进诸如天体爆发活动的成因、辐射磁流体动力学过程、局地发电机过程、日冕加热等前沿领域的进展，推动太阳物理学研究的发展。

众所周知，对于晚间开展观测工作的光学望远镜而言，世上最优秀的台址都建在精心挑选的高海拔地区，以尽量减小地球大气对星光的吸收、散射和其他不良影响。观测太阳则与此大为不同。强烈的阳光暴晒不同的物体，造成不同的升温，会引起周围大气紊乱流动，导致望远镜所成的太阳像很不稳定。天文学家发现，在日照下，开阔水面上方的空气要比岩土上方的空气安稳得多，因此世界上许多太阳观测基地都建在大湖沿岸或水库边上。我国除了北京的怀柔观测基地外，在云南省澄江县境内还有一个品质优秀的基地：中国科学院云南天文台抚仙湖太阳观测站。

2010年，由中国科学院云南天文台主持，中科院南京天文光学技术研究所、中科院南京天文仪器有限公司、中科院国家天文台和中科院光电技术研究所合作研制的“一米新真空太阳望远镜”（简称NVST）建成，其有效口径为0.985米，有效视场为3角分，2012年正式投入运行。NVST是国内目前口径最大的太阳望远镜（图6-25），也是截至2020年在东经100°附近8个时区（跨越经度范围120°）内唯一能对太阳进行亚角秒级高分辨率观测的望远镜，并已成为全球太阳观测及空间天气预报网络的重

● 图6–25　中国科学院云南天文台抚仙湖太阳观测站的1米口径新真空太阳望远镜（徐稚提供）。

要结点。NVST的主要科学目标是，在0.3 ～ 2.5微米波段对太阳大气的流场和磁场进行高分辨率观测，监测太阳大气中能量的传输、储存和释放过程，尤其关注太阳活动的精细结构及其演化。国内多个大学、研究所和全球20多个国家的科学家使用此镜获得了大量的观测数据，在太阳活动的精细结构和爆发机制方面取得了一系列重要研究成果，为揭示太阳爆发活动的本质打下了良好的基础，为更准确地预报灾害性空间天气提供了可靠的观测依据。另外，云南天文台在丽江市海拔3200米的高美古有一架口径10厘米的日冕仪。它是我国唯一的一架日冕仪，填补了我国过去无日冕观测的空白。

太阳活动的内容丰富，形式多样，天文学家除了在可见光波段进行观测外，同样希望随时能在不同的射电波段监测日面上种种太阳活动的情形。这样，就要求观测设备同时兼备高空间分辨率、高时间分辨率、高频率（或波长）分辨率以及高灵敏度，明安图射电频谱日像仪正是能满足这些高要求的理想设备。

2016年7月，由中国科学院国家天文台主持研制的国家重大科研装备研制项目"新一代厘米—分米波射电日像仪"通过验收，并冠名为"明安图射电频谱日像仪"（简称MUSER）。这一名称中的"频谱"表示它能够观测爆发的频率特征，"日像仪"表明它能对日面上的位置变化形成图像。MUSER是国际太阳射电物理研究领域的领先设备，各项指标均达到或优于国际先进水平。MUSER研制成功，填补了在太阳爆发能量初始释放区高分辨射电成像观测的空白，为耀斑和日冕物质抛射等太阳活动研究提供了新的观测手段，将非常有力地促进太阳物理和空间天气科学的发展。

MUSER位于内蒙古自治区锡林郭勒盟正镶白旗明安图镇境内（图6–26）。明安图镇是正镶白旗的政府所在地，因清代杰出蒙古族天文学家、数学家明安图（约1692—约1765）诞生于此而得名。2002年5月26日，由中国科学院国家天文台发现的28242号小行星正式命名为明安图星，命名庆典就在明安图镇举行。

整个MUSER望远镜系统由106面天线组成综合孔径阵列，分布在方圆约10平方千米的3条旋臂上，最大基线长度均为3千米。整个阵列分为低频和高频两个子阵，即分米波阵MUSER-Ⅰ和厘米波阵MUSER-Ⅱ。MUSER-Ⅰ由40面4.5米口径的抛物

● 图6–26　位于内蒙古自治区锡林郭勒盟正镶白旗的明安图射电频谱日像仪（局部，颜毅华提供）。

面天线构成，观测频率为0.4～2.0吉赫，有64个频率通道，频率分辨率为25兆赫，时间分辨率为25毫秒，空间分辨率10.3″～51.3″。MUSER-Ⅱ由66面2.0米口径的抛物面天线构成，观测频率为2.0～15.0吉赫，有520个频率通道，频率分辨率为25兆赫，时间分辨率为206.25毫秒，空间分辨率为1.4″～10.3″。

MUSER还在建设阶段就备受国内外的高度关注。国际著名的《科学》(*Science*)杂志就曾在“科学纵览”头条介绍MUSER，称“中国正在建设一双地球的新耳朵来聆听我们最近的恒星”。2015年，中科院对国家天文台的“一三五”(“一三五”指中科院要求每个研究所提出“一个目标、三项突破、五个培育方向”)国际诊断评估书中认为:“中国射电频谱日像仪作为世界最好的太阳射电观测设备，其研制成功代表了现代射电日像仪的跨越式进步。可以期望至少未来十年，它将是最重要的该类太阳专用设备，中国太阳物理学界将在这方面取得国际领导者的地位。”

展望未来，还应提到，南京大学与中国科学院合作，正在研制一架“2.5米大视场高分辨率望远镜”(简称WeHoT，图6-27)。它以太阳观测为主，夜晚也可进行时域天文学的观测，具有重大创新设计和若干突出亮点。此望远镜预期在21世纪20年代中期建成，成为重要的科研教学支撑平台，台址或将坐落在四川省甘孜藏族自治州稻城县境内。

这架望远镜观测太阳的主要科学目标是重点研究太阳爆发的起源和演化。太阳活动强弱的总体水平，具有大致为11年的周期性。出于历史原因，国际上统一规定，从1755年这一年中黑子数最少时起始的那个周期作为第一个太阳活动周，往后顺次排序，2021—

● 南京大学与中国科学院共建的2.5米大视场高分辨率望远镜(WeHoT)的建筑初步设计。望远镜本体安置在建筑的上层，终端仪器和观测室安置在中层，下层安放附属设备等，圆顶顶部最高处离地面22.8米(方成提供)。

2031年将是第25太阳活动周。2.5米大视场高分辨率望远镜预期第25太阳活动周中，在太阳爆发和太阳活动区观测方面达到世界领先水平，与先进天基太阳天文台（ASO-S）卫星（见下节）、射电频谱日像仪等配合，进入世界太阳物理学研究的第一梯队。

先进天基太阳天文台

如前所述，20世纪末，我国地面太阳观测已经走在国际前列。而且，对研制空间太阳望远镜（简称SST）也有了相当具体的设想：其主体是一台1米口径的光学望远镜，以及一种我国独创的二维偏振光谱仪和磁分析器。可惜由于种种原因，到21世纪初，我国仍未突破太阳探测专门卫星的"零"纪录。我国科学家不少高水准的论文，使用的观测资料还是来自国外的太阳探测卫星。

为了打破用"别人家"数据的被动局面，让中国自己的太阳卫星早日"飞天"，从空间观测的源头上做出原创性的贡献已是当务之急。为此，我国天文学家于2011年提出了"先进天基太阳天文台"（ASO-S）的概念，2017年年底中国科学院正式批复工程立项。ASO-S是我国正在实施的第一颗综合性太阳探测卫星计划，预期2021年发射升空，然后经过短期在轨测试，即可进入正常工作模式，其数据将对国内外用户完全开放。到那时，利用ASO-S的观测数据开展研究将成为国际太阳物理学的一大热点。

那么，ASO-S的科学目标是什么呢？简而言之，是"一磁两暴"："一磁"是指太阳磁场，"两暴"是指前文已屡次提及的两类剧烈爆发现象，即太阳耀斑和日冕物质抛射。更具体地说就是：同时观测太阳磁场、太阳耀斑的紫外辐射和非热辐射，以及日冕物质抛射，研究它们的形成机理、相互作用和彼此关联，揭示太阳磁场的演变如何导致太阳耀斑爆发和日冕物质抛射的内在联系，同时为灾害性空间天气预报提供支持。

ASO-S卫星设计的总重近1吨，卫星设计寿命不少于4年（图6-28）。卫星的3个有效载荷，也可称为3台望远镜，总重300多千克，它们分别是："全日面矢量磁像

● 图6-28 先进天基太阳天文台ASO-S卫星初样总装现场图（来源：ASO-S团队）。

仪”（简称FMG），用来观测太阳全日面的矢量磁场；“太阳硬X射线成像仪”（简称HXI），用来观测太阳耀斑非热物理过程；“莱曼阿尔法太阳望远镜”（简称LST），主要用来观测耀斑及日冕物质抛射之初发阶段，即其形成和在近日冕的传播过程。此处不少科学概念和专门术语，三言两语虽难道明，但应该强调的是，3个载荷置于同一卫星平台上同时观测“一磁两暴”，乃是ASO-S卫星的重要特色。

ASO-S卫星将采用高度为720千米、周期约90分钟的“太阳同步晨昏轨道”。这样的轨道设计，可以保证卫星载荷对太阳进行几乎不间断的观测：每年仅在5月中旬到8月这段时间内，ASO-S会进入阳光照射下的地球阴影中，最长阴影时间约18分钟。也就是说，每年仅有这两个多月时间，卫星在绕地球每转一圈的90分钟时间内会有若干分钟（至多18分钟）无法观测太阳。

ASO-S卫星发射成功后，预计每天将发送约500 GB的数据至中国科学院国家空间科学中心的ASO-S地面支撑系统，数据经简单处理后传送至中国科学院紫金山天文台的ASO-S科学应用系统，再经过一系列处理及时转变成科学级数据，存入

ASO-S数据库。日后将与数据分析软件一起适时在ASO-S网站上公布，供国内外用户使用。

ASO-S卫星发射成功，将使中国步入太阳空间探测国际先进行列。它将为进一步弄清太阳磁场、太阳耀斑和日冕物质抛射三者的因果关系，对现代太阳物理学研究做出原创性的贡献。同时，它也有助于使空间天气预报再上一个新台阶，更好地应对太阳剧烈活动对地球造成的危害，造福于全人类。

第五章 “嫦娥”和“天问”

嫦娥奔月在今朝

月球有如人类的又一块新大陆，世界各国探索月球的热潮方兴未艾。本书第一篇“极简的宇宙景观”之“月亮有多远”一节，已经提到中国月球探测方略所含的“探、登、驻”三个阶段，并简单提及它的第一阶段——中国无人探月计划“嫦娥工程”。

整个“嫦娥工程”分为三期。第一期“绕”是将探测器发射到绕月轨道上，在月球上空进行探测；第二期“落”是让探测器降落到月球上，并释放无人驾驶月球车在月面巡视；第三期“回”是让探测器在月球上自动采集岩石和土壤样品，并送回地球。这三期工程的科学目标，有明显的递进关系：“绕”主要对月球进行全球性的综合普查；“落”主要对着陆区附近进行区域性详查，包括原位探测和巡视探测；“回”主要是对月球进行区域性精查，供科学家在地球实验室里对采集的月球样品进行详尽的分析研究。

2007年10月24日，月球探测器“嫦娥一号”发射成功，它所搭载的科学仪器在绕月轨道上对月球进行多方位的探测，获得大量宝贵的科学数据。2010年，“嫦娥二号”更新了探测设备并降低绕月飞行的轨道高度，故探测精度又有提高。2013年12月，“嫦娥三号”在月球表面软着陆，它携带的“玉兔号”月球车实现了在月面上自动巡视（图6-29）。“嫦娥三号”创造了月球探测器在月球上工作时间最长的世界纪录，拍摄了人类获得的最清晰的月面照片。至此，嫦娥工程“绕”和“落”这两步已经梦想成真。

● 图6–29 “玉兔号”月球车全景相机拍摄的“嫦娥三号”着陆器实景。

中国古代神话“嫦娥奔月”家喻户晓。神话传说中的其他“涉月”元素，如玉兔、月桂、广寒宫等，也是人们津津乐道的话题。但从神话探源考察，嫦娥奔月之时却还没有广寒宫呢。后来，人们把嫦娥视为月宫仙子，广寒宫一旦出现，她就成了“业主”，倒也顺理成章。更有趣的是，现在月球上真的有了“广寒宫”——有这个地方，但无那座宫殿，并且也是先有“嫦娥”才有了它。不过，此“嫦娥”已非误服不死之药的彼嫦娥，而是中国探月的“嫦娥工程”了。

此事缘于2013年末，“嫦娥三号”成功着陆月球（图6–30中着陆点用★标示），“玉兔号”月球车在月面巡视（图中用双轨曲线标示其行迹）。后经我国提出申请，国际天文学联合会于2015年10月正式宣布：将“嫦娥三号”着陆点周边一个边长80米的正方形区域命名为“广寒宫”，其附近的3个撞击坑分别命名为“紫微”“太微”

和“天市”。2016年1月，“嫦娥三号”着陆点附近的9个小撞击坑和3个石堆也继而命名，如图6–30中标示。除“广寒宫”外，所有这些地名皆源自中国古代天文学三垣二十八宿的星官体系。

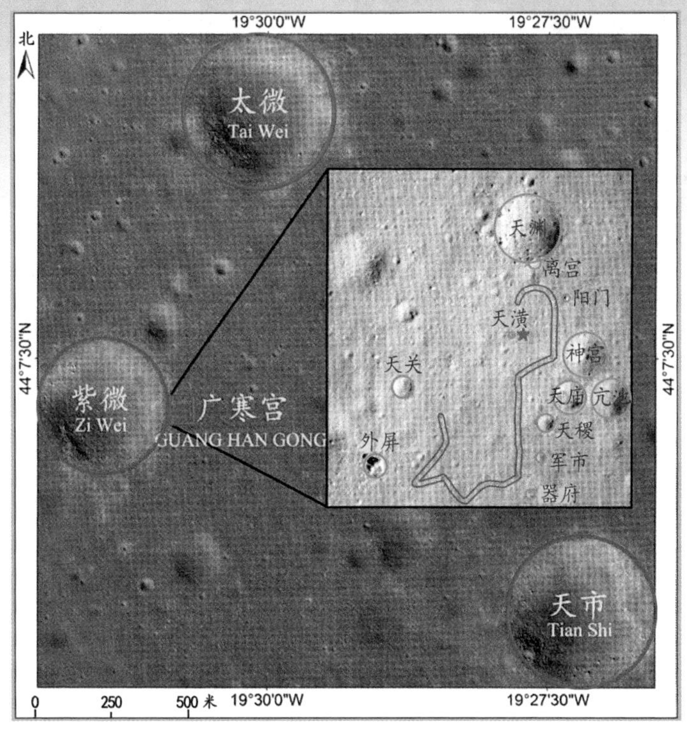

● 图6–30 月球上的“广寒宫”及其周边地形地貌。

再说“嫦娥四号”，它原是“嫦娥三号”的备份——宛如演出的A角和B角，因“嫦娥三号”已圆满完成任务，故“嫦娥四号”便可另作它用。2019年1月3日，“嫦娥四号”在人类历史上首次登陆月球背面的预选着陆区，它携带的“玉兔二号”月球车随即在月面上开始巡视。

2020年11月24日4时30分，中国首个月面取样返回探测器“嫦娥五号”发射升空。这个探测器由4个主要部分构成：轨道器、返回器、着陆器和上升器。12月1日，“嫦娥五号”的着陆器上升器组合体与轨道器返回器组合体分离，成功地在月面预定地点软着陆，轨道器返回器组合体则始终在轨道上绕月飞行。着陆地点位于月球风暴洋北部的吕姆克山附近。接着，着陆器携带的采样设备开始采集月岩和月壤样品。除表面取样外，还有部分样品从月表下钻取，最深处达2米。按预定计划，共采集样品近2千克，封装保存在上升器中。12月3日，上升器携带着月球样品从月面升空，着陆器就相当于临时的发射搭架（图6–31）。

● 图6–31 “嫦娥五号”组成示意图。

着陆器留在月球上了。12月6日，上升器与在轨道上等候的轨道器返回器组合体交会对接，将月球样品转交给返回器。然后，上升器与轨道器返回器组合体重新分离。12月8日，已圆满完成任务的上升器接受从地球上发去的指令，降落到月面上的预定落点，以避免沦落为太空垃圾。

然后，轨道器返回器组合体开始踏上回家之路。在离地球高度约5000千米时，轨道器与返回器分离。12月17日1时59分，“嫦娥五号”返回器带着那份珍贵的月球“土特产”，在内蒙古四子王旗预定区域安全着陆，从发射到回收的全过程共历时23天。

嫦娥工程的“绕、落、回”三步走，至此已如期圆满完成。习近平总书记代表党中央、国务院和中央军委致电，向探月工程任务指挥部并参加嫦娥五号任务的全体同志致以热烈的祝贺和诚挚的问候，并强调“人类探索太空的步伐永无止境。希望你们大力弘扬追逐梦想、勇于探索、协同攻坚、合作共赢的探月精神，一步一个脚印开启星际探测新征程”。

“嫦娥工程”完美实施，中国航天员登月已非遥不可及。再往后，就是建立可供航天员、科学家和其他人员长期驻守的月球基地。到那时，中华月球基地会不会被命名为“广寒宫”呢？且让我们拭目以待吧！

“天问”和“揽星九天”

1970年4月24日，中国第一颗人造地球卫星“东方红一号”成功发射。为了纪念中国航天事业取得的巨大成就，发扬中国航天精神，2016年3月8日，国务院批复同意将每年4月24日设立为“中国航天日”。

2020年4月24日是第五个“中国航天日”。这一天举行了2020年中国航天日线上启动仪式，正式公布了备受关注的中国首次火星探测任务名称和图形标识，宣布中国行星探测任务被命名为“天问系列”，首次火星探测则命名为“天问一号”，后续行星任务依次编号。

在当今世界高科技中，深空探测是一个极具挑战性的领域。深空探测的第一站是月球，然后就是太阳系中的各大行星、它们的卫星，以及小行星等。深空探测，将推动空间科学、空间技术、空间应用的全面发展，也是体现一个国家综合国力和创新能力的重要标志。中国开展并持续推进深空探测，将对保障国家安全、促进科技进步、提升国家软实力和国际影响力做出重大贡献。

中国行星探测工程作为一个整体概念，以“揽星九天”作为其图形标识（图6–32）。图形中太阳系八大行星依次排开，表达了宇宙的五彩缤纷，呈现科学发现的丰富多彩，饱含动感，气韵流动。开放的椭圆轨道整体倾斜向上，展示字母“C”的形象，代表了中国行星探测（China），体现着国际合作精神（Cooperation），标志着深空探测进入太空能力（C3）。

图6–32 作为一个整体概念的中国行星探测工程，以“揽星九天”作为其图形标识，图形最下方是中国行星探测的英语（Planetary Exploration of China）缩略词PEC（左）。对于火星探测，则下方写有火星的英文名MARS（右）。

“天问”一语，源自中国古代爱国主义诗人屈原的长诗《天问》，贴切地表达了中华民族对真理追求之坚韧执着，体现了关注自然和探索宇宙之文化传承，意味着探求科学真理征途漫漫，追求科技创新永无止境。

人类发射最多的探测器前往追访的大牌“明星”，除了月球，就数火星了。2020年12月16日，国家语言资源监测与研究中心发布“2020年度中国媒体十大新词语”，其语料来源是2020年1月1日至11月底的9份主流报纸的文章、20家电台和电视台的节目、4家门户网站的新闻，数据规模近19亿字次，代表了中国主流媒体的关注焦点和语言特点。这“十大新词语”依次是：复工复产、新冠疫情、无症状感染者、方舱医院、健康码、数字人民币、服贸会、双循环、天问一号、无接触配送。中国第一个火星探测器“天问一号”榜上有名，成为2020年的“网红”，虽然稍出意料，却在情理之中。

向着火星前进

2020年7月，人类航天的宏伟史诗增添了浓墨重彩的一章：在十来天的时间里，有三个国家的火星探测器相继启程前往这颗红色的行星：阿联酋于7月20日发射“希望号”、中国于7月23日发射“天问一号”、美国于7月30日发射“毅力号”。

中国“探火”启幕，就亮出了令世人瞩目的“绕、落、巡”一步到位决策：“天问一号”轨道器将环绕火星运行，作为火星的人造卫星在空间执行探测任务；它的着陆器将降落到火星表面，成为一个多功能的固定工作平台；着陆器施放的火星车则可在一定范围内活动，实施既定的巡视计划（图6–33）。

回顾人类认识和探索火星的全部历史，足见一次性实现“绕、落、巡”确实堪称雄心勃勃。18世纪以来，随着天文望远镜的进步，人们先后测出了火星与地球的距离，发现了两颗小小的火卫，看清火星真面目的愿望与日俱增。19世纪末到20世纪初，由疑似的“火星运河”引发的火星生命之争历久不衰。然而，无论天文望远镜制作得多么精良，从地球上观测火星，视线都会受到地球大气层和火星大气层的双重干扰，所见的火星总是“雾里看花”，难以直接判明火星运河是真是幻，火星人

● 图6–33　天问一号“绕、落、巡”一步到位示意图。图的上部，左侧是地球，右侧是火星，中间是环绕火星运行的“天问一号”轨道器。图的下部展现火星表面景象，右边是着陆器，前方是自动巡视的火星车。

是否子虚乌有。

20世纪50年代人类进入空间时代，形势发生了根本性的变化。1965年7月，美国发射的“水手4号”成为第一个飞越火星的探测器。它拍摄到21张火星照片，虽说质量不佳，但也比从地球上看过去强得多。1971年11月，“水手9号”进入环绕火星的轨道，成为首个绕着另一颗行星运行的人造天体。它绘制了第一幅真实的火星全图，明确否定了火星运河之存在。

继“水手9号”之后，合乎逻辑的下一步乃是让探测器在火星上软着陆，实地进行自动化的科学实验和分析研究。美国于1976年相继飞抵火星的两个“海盗号”

着陆器做到了这一点。但是，它们只能停留在原地，对火星表面远处的事物鞭长莫及。直到1997年，美国的“火星探路者号”才将第一辆火星车“旅居者号”送上火星大地。虽说它每秒钟只移动1厘米，却是人造机器破天荒地在地球以外的另一颗行星上巡视。可以说，美国前后花了30多年时间，才逐步实现了火星探测的“绕、落、巡”。

除了美国，还有一些国家也时有探火之举。然而，各国探火总的记录是成功与失败大体参半。在“绕、落、巡”之后，无人探火的下一步将是“回”——从火星上采集样品并自动送回地球，预计约10年后可以实现。

按照比较乐观的估计，到21世纪30年代，载人火星探测将付诸实施。更长远的设想是在火星上逐步建立由小到大的“寓所”，它们宛如一个个登陆到火星表面的“空间站”：寓所外面是未经改造的火星环境，内部则是适宜栖居的人造空间。一批“寓所”组合起来，就形成了不同规模的“火星基地”。基地不断扩大，又成为各具特色的社区、村落、城镇……

千里之行，始于足下。2021年2月，“天问一号”探测器进入环绕火星运行的轨道，传回首幅火星图像。5月15日，其着陆器成功着陆到火星乌托邦平原南部的预选区域。5月22日，它携带的“祝融号”火星车安全驶离着陆平台，到达火星表面，开始巡视探测。一次性实现“绕、落、巡”的决策如愿以偿！

【链接五】月球样品落户国家天文台

2020年12月17日，在中国航天科技集团五院，科研人员打开“嫦娥五号”返回器舱门，取出装有月球样品的容器，经称重初步测量，“嫦娥五号”采集到的月球样品约1731克。

12月19日，中国国家航天局在京举行“嫦娥五号”任务月球样品交接仪式，国家航天局局长、探月工程总指挥张克俭向中国科学院院长侯建国移交了样品容器，交接了样品证书。月球样品的交接，标志着“嫦娥五号”任务从工程实施转入了科学研究的新阶段。

这些月球样品，最终在中国科学院国家天文台安家落户。12月19日当天，在国家天文台举行的“嫦娥五号”月球样品接收仪式上，中国科学院院长侯建国将国家航天局移交的月球样品正式交给国家天文台，并向台长常进颁发嫦娥五号任务月球样品责任状，这份珍贵的月球“土特产”安全进入国家天文台的月球样品实验室。

中国是世界上第三个实现月球采样返回的国家，这一次也是人类时隔44年再次获得月球样品。国家天文台建立的国内首个月球样品实验室，集存储、处理、制备、分析功能于一体，可实现月球样品长期存储，保证样品在处理过程中不受污染，不受其他物理、化学因素风化，使科学家们可以长期对原始样品进行测试、分析和研究。

在月球样品的用途中，专门设计了工程展示样品，以满足科普、教育和博物馆展出等社会需求。不久以后，社会公众就有机会亲眼看见这些珍贵的月球样品了。

第六章　佳音不绝细聆听

在南极冰穹A上

对于天文观测，为了尽量减少地球大气的干扰，为望远镜选择优秀的台址至关重要。因此，当今世上许多第一流的天文望远镜都坐落在经过精心优选、晴天数多、大气视宁度——一种评价大气宁静或抖动程度的指标——特佳的高山上。人们还意识到，对于天文观测，南极大陆有其特殊的重要性。

整个南极大陆覆盖着一层平均厚约2500米的“冰盖”，凸出于冰盖上的局部穹形结构称为“冰穹”。最高的“冰穹A”地处南极内陆，海拔4093米，地理坐标为南纬80°22′、东经77°21′。南极大陆的制高点是埃尔斯沃兹山脉的文森峰，海拔5140米，但是那里不适宜建立科考站。

2005年1月，中国第21次南极考察的昆仑科考队首次登上冰穹A。2006年，中国南极天文中心（简称CCAA）成立。它是由中国多家科研院所和大学联合创立的一个中心。中国天文学家抓住在南极冰穹A建立内陆科考站的时机，开辟南极天文观测新平台和南极内陆天文科考新领域。

2008年1月，中国天文学家随同中国第24次南极考察队前往南极，在冰穹A现场安装了“中国小望远镜阵”（简称CSTAR，亦称“中国之星”），以供搜集台址信息及天文观测。CSTAR由4台14.5厘米的小型光学望远镜组成，可长时期连续自动监测南天极周围一个20多平方度的天区。他们远程传回的数据，连同其他无人值守的多种设备获取的资料，一起表明那里的天文观测条件确实令人向往：空气洁净，而且极为干燥，水汽含量比沙漠地区还少；大气稳定，风速很小；得益于极夜和极昼现象，天文学家在那里可以不间断地观测群星或太阳长达数月之久。

2009年1月27日，继长城站和中山站之后，中国在冰穹A建成第三个南极科考站——昆仑站，它也是南极大陆上海拔最高的科考站。

中国天文学家按计划在南极冰穹A分期装备3台有效口径同为50厘米的折反射望远镜。它们称为“南极巡天望远镜”（简称AST3），每台望远镜各配备一架10 K×10 K的CCD相机，并配上不同的滤光片，联合开展超新星、系外行星以及更多的时域天文学前沿课题研究。AST3由南京天文与光学技术研究所负责研制。2012年1月，第一架AST3（即AST3-1）在冰穹A顺利完成安装调试，它是我国自主研发的第一台全自动无人值守光学望远镜（图6-34）。

2015年2月，第二架AST3（即AST3-2）建成并投入使用。本篇中“多才多艺的‘慧眼’”一节介绍了一起很重要的引力波事件GW170817，它让人类首次探测到了双中子星合并产生的引力波。2017年10月16日，中国科学院南极天文中心通报，

● 图6-34 安装第二台南极巡天望远镜AST3-2，背景右下侧的AST3-1清晰可见（杜福嘉提供）。

● 图6–35　安装在南极冰穹A昆仑科考站8米高塔架上的两台“昆仑差分图像运动测量仪”（KL–DIMM），用于监测当地的视宁度（商朝晖提供）。

AST3–2在GW170817引力波事件发现后，很快就成功跟踪并独立观测到与之伴随产生的光学信号。

南极冰穹A处的大气视宁度值得特别一提。2010年以前，由冰穹A的地理和大气条件可以初步推断，那里的大气视宁度非常好。往后的十来年中，我国南极天文学研究团队又使用一种名叫“差分图像运动测量仪”的装置（简称DIMM。图6–35所示系近年新建的“昆仑差分图像运动测量仪”，简称KL–DIMM），对当地的大气视宁度进行长时间监测和详尽的分析研究，其结果于2020年在世界著名学术期刊《自然》上发表①。概而言之，实测数据和理论分析令人信服地表明，那里的大气视宁度优于地球上现有的任何其他天文台址。可以断言：南极冰穹A是地球上具有最佳天文观测条件的台址！

AST3虽然不是大型天文设备，却是各国南极科考站中现有最大的天文望远镜。它是南极天文学精锐的先头部队，日后将会有更多更大的装备沿着它开辟的道路不断前进。

中法合作天文卫星SVOM

本书第三篇“天文望远镜传略”中第四章之“太空中的火眼金睛”，以及本篇“华夏天文谱新曲”第三章之“多才多艺的‘慧眼’”等章节，曾屡次提到γ射线暴在

① 详见*Nature*，2020年583卷771页，马斌、商朝晖、胡义等《南极冰穹A的天文视宁度夜间测量》一文。

当代天文学中的重要性，以及天文学家为揭秘γ射线暴所做的努力。

γ射线暴自20世纪六七十年代发现后，几乎过了30年之久，人们才对其重大科学意义有了较深刻的认识。20世纪90年代以来，美国和欧洲一些国家发射了“康普顿γ射线天文台”（简称CGRO）、“雨燕号γ射线暴探测器”（即Swift）和前文已提及的“费米γ射线空间望远镜”等多个探究γ射线暴的天文卫星。2010年以后，得益于空间观测设备与地面望远镜之间的协同配合不断进步，γ射线暴研究取得了持续进展。但是，迄今为止所有已知的γ射线暴都是用空间设备探测到的，而所有的γ射线暴红移则都是在地面上测量的，为力求达到空间设备和地面设备的最佳配合，中法两国天文学家正在联合研制“空间多波段光变天体监视器”（简称SVOM），又称中法合作天文卫星SVOM（图6–36）。

SVOM项目中法双方的合作方式是：中方主导、中法联合研制、共同分析科学探测数据和发表科研成果。具体内容包括：中方提供卫星平台、星上两种科学载荷

● 图6–36　中法合作天文卫星SVOM艺术形象图（魏建彦提供）。

设备、卫星总装测试、卫星发射和在轨运行服务、地面任务运行中心、地面科学应用中心、地基后随观测望远镜等；法方提供星上两种科学载荷、载荷在卫星的总装测试、卫星测控和数据接收的基站、地面科学应用中心、地基后随观测望远镜等。

2006年10月，在两国元首见证下，中法双方航天局局长签署了SVOM的合作备忘录。2010年中国政府批准SVOM立项；2014年中法双方共同启动工程研制；2020年7月，启动卫星正样研制；卫星预期在2021年年底发射，轨道高度600～650千米，设计工作寿命为5年。

SVOM项目的主要科学目标是：第一，发现和快速定位各种γ射线暴；第二，全面测量和研究γ射线暴的电磁辐射性质；第三，利用γ射线暴研究暗能量和宇宙的演化；第四，快速后随观测引力波事件的电磁辐射对应体等重要天文机遇目标。

为了实现上述科学目标，SVOM携载的科学探测设备有：

（1）γ射线监视器（简称GRM）。观测波段为15 keV～5 MeV、视场达10 000平方度，用于测量γ射线暴的高能能谱特征。

（2）X射线相机（简称ECLAIRs）。观测波段为4～250 keV、视场约8000平方度，用于确定γ射线暴的位置、强度和持续时间。它可以给出γ射线暴的初步方位，精度约10′。

（3）软X射线望远镜（简称MXT）。观测波段是0.3～6 keV、视场约65×65平方角分，用以测量γ射线暴的X射线余辉（余辉指γ射线暴的后续辐射），定位精度约1′。有了这样的定位精度，许多地面望远镜即可进行后随测光观测。

（4）光学望远镜（简称VT）。观测波段是400～950纳米、视场约26×26平方角分，用以测量γ射线暴的光学余辉，定位精度约1′。地面大口径望远镜据此即可进行后随光谱观测。

SVOM项目的相关地基观测设备有：

（1）地基后随观测望远镜（简称GFT）。中法各一台，视场约30×30平方角分，具有近红外探测能力，用以弥补星载光学望远镜在探测高红移γ射线暴时的不足；

（2）地基宽视场相机阵（简称GWAC）。由36台口径18厘米的相机组成，观测波段为500～800纳米，视场约5000平方度，主要作用是在光学波段和X射线相机、

γ射线监视器同时测量γ射线暴爆发时的辐射特性。

空间设备和地面设备的配合是这样进行的：当探测到γ射线暴时，X射线相机、γ射线监视器、地基宽视场相机阵在第一时间同时观测此γ射线暴的能谱特性并给出低精度定位；依据X射线相机的定位，软X射线望远镜、光学望远镜和地基后随观测望远镜各自观测γ射线暴的余辉，并给出高精度的定位；利用这些高精度的定位信息，其他口径更大的地面望远镜开展更深入细致的观测和研究。

国际天文界正在迈向多波段和多信使（引力波、中微子等）时域天文的黄金时代，暂现源的观测研究将是孕育重大天文发现的热点领域。SVOM卫星具有多波段观测设备，还具有接收地面上行指令、快速指向和观测待测天体的能力，因此它将成为快速响应观测引力波电磁辐射对应体等重要机遇目标的非常理想的天文装备。

中国空间站和CSST

中国的载人航天事业，成就举世瞩目。早在1992年，中国就已确定载人航天“三步走”的发展战略。那就是：

第一步，发射载人飞船，建成初步配套的试验性载人飞船工程，开展空间应用实验；

第二步，突破航天员出舱活动技术、空间飞行器交会对接技术，发射空间实验室，解决有一定规模的、短期有人照料的空间应用问题；

第三步，建造空间站，解决有较大规模的、长期有人照料的空间应用问题。

在新千年来临之际，中国正式启动载人航天工程——“神舟”计划。

2003年10月，中国实现了自己的首次载人航天飞行。10月15日9时整，我国自行研制的“神舟五号”载人飞船在酒泉卫星发射中心升空，乘员是我国自己培养的第一代航天员杨利伟。10月16日，38岁的杨利伟乘坐“神舟五号”在太空中经过21小时28分、环绕地球14圈、60万千米的安全飞行后，成功返回内蒙古四子王旗主着陆场。实际着陆点与理论着陆点仅相差4.8千米，返回舱完好无损，杨利伟自主出舱，我国首次载人航天飞行圆满成功。

两年后，2005年10月12日，40岁的指令长费俊龙和41岁的聂海胜乘坐“神舟六号”飞向太空，这是我国载人航天史上的首次双人齐飞。10月14日，“神舟六号”进行首次轨道维持，即对飞船进行精密的微调，使它保持在预设的正常轨道上。那一天，费俊龙曾在舱内花费约3分钟连做了4个“前空翻”。按飞船7.8千米/秒的速度计算，他翻一个“跟斗”就飞了约351千米。“神舟六号”总共飞行4天19小时32分，绕地球77圈，其返回舱于10月17日安全着陆，实际着陆地点与理论着陆点仅相距1千米。“神舟六号”任务的难度比“神州五号”高出许多，但实施得很出色。这两艘飞船圆满完成任务，标志着我国载人航天工程第一步目标已经实现。

2008年9月25日，“神舟七号”搭载指令长翟志刚和航天员刘伯明、景海鹏升空。这次任务的一大亮点是中国航天员首次出舱活动。9月27日，翟志刚在队友的配合下，穿着中国的“飞天”舱外航天服顺利出舱，迈出了中国人的太空行走第一步。“神舟七号”飞行2天20小时30分钟，绕地球转了45圈后顺利返回地面。

2011年11月1日，“神舟八号”无人飞船发射升空。它与先期发射的目标飞行器“天宫一号”空间实验室两次进行空间无人交会对接（图6–37）。这标志着我国已经

● 图6–37 中国于2011年9月29日发射目标飞行器“天宫一号”，同年11月1日发射“神舟八号”无人飞船，11月3日两者实施首次空间交会对接取得圆满成功。

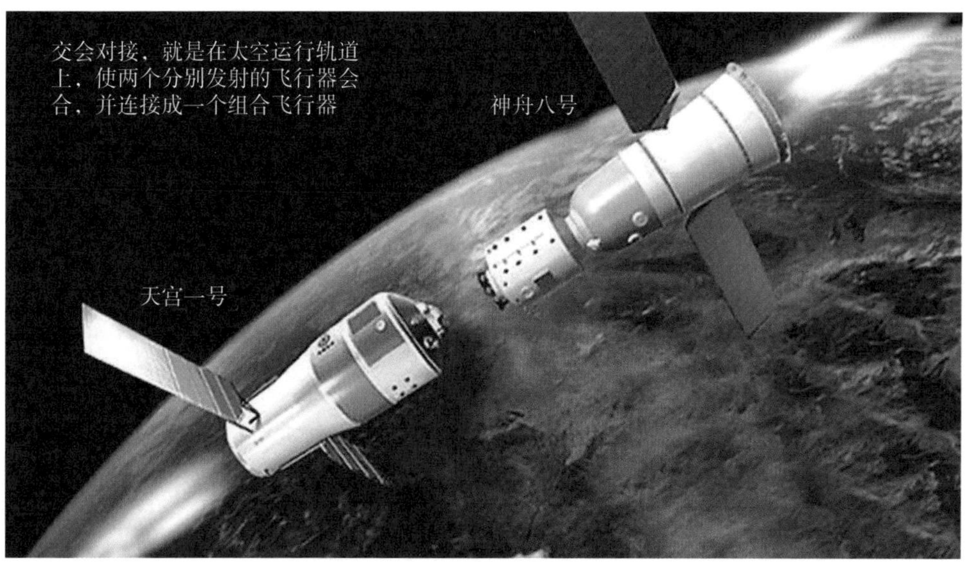

突破空间交会对接及组合体运行等一系列关键技术，成了继苏联和美国之后第3个自主掌握交会对接技术的国家。

2012年6月16日，“神舟九号”飞船发射升空，乘组“新老搭配、男女配合”。指令长景海鹏是第二次执行飞行任务，乘组成员是刘旺和刘洋。刘洋是中国首位参加载人航天飞行的女航天员。她曾豪迈地对媒体表示：挑战对每名航天员都一样，太空不会因为女性的到来而降低它的门槛，太空环境不会对女性有特殊照顾。

“神舟九号”与目标飞行器“天宫一号”空间实验室两次实施在轨载人交会对接，这是向建成中国载人空间站迈进的关键性一步。第一次是完成自动交会对接，对接成功后，只见景海鹏、刘旺、刘洋轻盈地相继“飘”进“天宫一号”……他们回到“神舟九号”后，飞船与“天宫一号”分离。第二次交会对接由刘旺手动控制完成。2012年6月29日，3名航天员胜利归来。

2013年6月11日“神舟十号”升空，指令长是聂海胜，乘员是张晓光和王亚平。王亚平是继刘洋之后上天的第二位中国女航天员，也是“神舟十号”任务的一大亮点——太空授课的主讲者。人在失重环境下授课、实验和拍摄，要比在地面难出千百倍。为此，三位航天员在地面进行了200多个小时的训练。而直到返回地球，站上“最高讲台”的王亚平才知道，短短40多分钟的太空授课，引起了全世界的高度关注。“神舟十号”在轨飞行15天，有12天与“天宫一号”联结为组合体在太空中运行。6月26日，三位航天员如期凯旋。“神舟十号”赢得了交会对接任务的收官之战，中国载人飞船天地往返运输系统进入定型阶段。

2016年10月17日升空的“神舟十一号”，主要目的之一是航天员在太空中进行中期驻留试验，即在太空中逗留的时间超过30天。飞船指令长景海鹏是第三次上太空，另一位乘员是陈冬。“神舟十一号”实现了与同年9月15日发射的“天宫二号”空间实验室交会对接。两位航天员在太空中留驻的实际时间达33天之久，为建造和运营中国空间站奠定了更坚实的基础。

中国空间站是国家级的空间实验室，是中国空间科学研究以及宇宙空间探索的重要实验基地。中国空间站的核心舱命名为“天和”，于2021年4月29日在海南文昌航天发射场成功发射升空，准确进入预定轨道。中共中央总书记、国家主席、中央军委主席习近平致贺电，代表党中央、国务院和中央军委，向载人航天工程空间站阶段飞行任务总指挥部并参加天和核心舱发射任务的各参研参试单位和全体同志致以热烈的祝贺和诚挚的问候。

2022年，两个实验舱将发射升空，与“天和”核心舱对接，在轨组装成载人空间站。中国空间站舱内和舱外部署的大量科学实验装置，包括空间生命科学、空间材料科学、空间微重力科学、基础物理学以及天文学等的研究设备。

中国空间站将有一个共轨独立飞行的光学舱，即“中国载人航天工程巡天空间望远镜”（简称CSST）（图6–38）。它是我国迄今规模最大的空间望远镜，其分辨率与哈勃空间望远镜相当，而视场要比哈勃空间望远镜大得多。它具备能够按需停靠空间站进行补给燃料、进行维修和升级的优势，具有强大的国际竞争力。

CSST预计2024年前后投入运行，轨道高度约400千米。其口径为2米，兼具大视场、高像质的优异性能，配备多个先进的观测终端。CSST平台在“超静、超精、超稳”三方面的设计指标，已优于哈勃空间望远镜的继任者——詹姆斯·韦布空间望远镜的相应指标。

CSST的第一代观测终端包括：

● 图6–38　“中国载人航天工程巡天空间望远镜”（CSST）在轨运行效果图（来源：中国科学院长春光学精密机械与物理研究所）。

（1）多色成像与无缝光谱巡天模块。本篇第二章之“光谱获取率之王”一节曾简述，天文学家获得天体光谱的方法有“无缝法”和“有缝法”两大类。无缝法是在望远镜最前端安置一个“物端棱镜”，可以在望远镜焦面上同时形成视场中所有天体的光谱。CSST的多色成像与无缝光谱巡天模块，观测视场约1.1平方度，工作波长覆盖近紫外至近红外波段，巡天焦面及导星仪的像素合计超过30亿——这是迄今为止像素最大的空间天文相机。预期通过它的观测，将可获取数十亿个恒星与星系的测光数据和数亿条光谱，为暗能量与暗物质的属性、宇宙结构的形成与演化、星系形成与演化、活动星系核和超大质量黑洞的形成与演化、太阳系外行星、天体测量和太阳系天体等前沿方向研究提供极其丰富的数据。

（2）高灵敏度太赫兹模块。太赫兹（THz）即10^{12}赫兹，太赫兹模块的工作频段为0.41～0.51 THz（相应波长为0.73～0.59毫米），用以开展银河系内及近邻星系的分子谱线巡测。

（3）多通道成像仪。对约50平方角分的视场，实现3个不同颜色滤光片的同时观测。

（4）积分视场光谱仪。对于二维图像中的每一个空间分辨单元，都可以采集光谱信息，是研究近邻星系的利器。

（5）系外行星成像星冕仪。能在可见光波段对系外行星实现10^{-9}的高对比度直接成像观测研究。

CSST将与国外同期的大型天文项目优势互补，并在若干方向上有所超越。其成功运行有望引发对宇宙认知的重大突破，并使中国的光学天文研究取得历史性的跨越，走到世界前列。

百花争妍春意浓

华夏天文，新曲层出不穷；又似百花争妍，满园春意浓浓。本书限于篇幅，只能管中窥豹，割爱未提的事项还很多。例如，以“探测宇宙的第一缕曙光”为科学目标的“21厘米微波阵列望远镜”（简称21CMA）、意在借21厘米射电巡天破解暗能量之谜的“天籁计划”、致力于探测引力波的“阿里计划”“天琴计划”和“太极计划”……

科技创新，人才是金。发展天文事业，天文教育至为重要。在1949年以前，中国的大学天文教育，持续时间较长者有齐鲁大学天文算学系和中山大学天文系。中华人民共和国成立后，于1952年进行全国高校院系调整，齐鲁大学天算系和中山大学天文系合并成立南京大学天文学系（图6-39）。1960年，北京师范大学成立天文学系，北京大学地球物理系设立天体物理专业。1978年，中国科技大学成立天体物理研究室。

● 图6-39 20世纪50年代建造的南京大学天文学系鼓楼校区天文台（上），南京大学仙林校区的天文与空间科学楼（下）（2012年，南京大学天文与空间科学学院提供）。

改革开放40余年来，我国天文教育事业蓬勃发展。至2020年，中国大陆已有16所高校或成立天文系或开设天文本科专业，它们是（排名不分先后）：南京大学天文与空间科学学院、北京大学天文学系、北京师范大学天文学系、中国科技大学天文与应用物理系、中国科学院大学天文与空间科学学院、清华大学天文学系、厦门大学天文学系、上海交通大学天文学系、中山大学物理与天文学院、河北师范大学空间科学与天文系、云南大学天文学系、华中科技大学天文学系、广州大学天文学系、贵州师范大学天文学系、西华师范大学天文系、黔南民族师范学院物理与电子科学系。另外还有众多大学设置了天文专业或天体物理专业的硕士或博士点。

习近平总书记指出："科技创新、科学普及是实现创新发展的两翼，要把科学普及放在与科技创新同等重要的位置。没有全民科学素质普遍提高，就难以建立起宏大的高素质创新大军，难以实现科技成果快速转化。"近年来，我国的科普事业持续推进，天文普及也不例外。就说天文馆吧，那是专门通过展览、讲座、天象仪表演、开展天文活动、编辑天文书刊等各种形式，进行天文普及的机构。世界上第一座天文馆于20世纪20年代在德国慕尼黑建成，至今已近百年。1957年国庆节前夕，我国第一座天文馆——北京天文馆正式揭幕。如今，我国各省市建造或待建的天文馆已不在少数，它们虽然规模各异，却有着共同的目标。其中最令人瞩目的，是位于上海市临港新城滴水湖畔的上海天文馆（上海科技馆分馆）。此馆占地58 600平方米，建筑面积38 000平方米，为全球最大的天文馆（图6-40）。它以"塑造完整宇宙观"为愿景，激发人们的好奇心，引导人们感受星空，理解宇宙，思索未来。其主建筑以优美的螺旋形态象征天体运行轨道，室外绿化勾勒出星系的旋臂形态，与"星空之镜"公园自然衔接，体现了建筑与生态的有机融合。"家园""宇宙""征程"三大主展区，加上若干特色展区，以及超高清球幕影院、高级光学天象仪，一米口径望远镜、自适应光学太阳塔等大型设备，将为游客带来难忘的星空体验。上海天文馆将于2021年夏季建成开放。

在此值得一提的是，如今我国有两种图文并茂，制作精美，深受天文爱好者、青少年朋友和广大社会公众喜爱的天文普及刊物，即《天文爱好者》和《中国国家天文》（图6-41）。它们都是月刊，全彩印刷，迅速解读的重要天文事件、具有强烈

● 图6–40　竣工在即的上海天文馆（上海科技馆分馆）(2020年，上海天文馆提供)。

● 图6–41　我国著名天文科普期刊：《天文爱好者》（左）和《中国国家天文》（右）。

震撼力的天体照片、意味深长的天文历史故事……令人目不暇接。

中国天文事业的迅速发展，中国天文学家的研究成果，受到了国际天文界同行的关注和赞誉。2012年8月20日至31日，第28届国际天文学联合会大会成功地在北京召开（图6–42）。来自世界各国的3000多名天文学家济济一堂，进行学术交流。这是中国自1935年加入国际天文学联合会以来，首次承办的全球天文学界盛会，也是中国天文学会自1922年成立九十年来一件空前的大事。

● 图6–42 2012年8月30日，中国科学院院士、国际天文学联合会前副主席方成教授在北京第28届国际天文学联合会大会上做报告。

中国天文学家素有不畏辛劳、自强不息的优良传统。如今，老中青几代天文学家正在继续为中华民族的天文事业重振雄风、再现辉煌，为使中国由天文大国变成天文强国，全面跨入世界天文先进行列而团结奋斗、顽强拼搏……

尾声 永无止境的追星

这部“追星”交响曲，已经到了尾声。

实际上，它展示的不过是宇宙风采的冰山一角。天文学中还有太多的人和事，可作为取之不尽的好题材。

人类的家园——地球，是环绕太阳运转的一颗行星。在银河系中，有着不下两千亿颗的恒星，太阳只是它们的一个代表。在宇宙中，形形色色的星系数以千亿计，银河系只是其中的普通一员。宇宙的奥秘层出不穷，人类为探索宇宙奥秘谱写的乐章，我们没有理由不细细品味、用心欣赏。

林语堂曾经说过：“最好的建筑是这样的：我们居住其中，却感觉不到自然在哪里终了，艺术在哪里开始。”我想，最好的科普作品和科学人文读物，也应该令人“感觉不到科学在哪里终了，人文在哪里开始”。如何达到这种境界？很值得我们多多尝试。

留下这短暂的尾声，为了永无止境的追星。

图书在版编目(CIP)数据

追星传奇：从大地形状到"中国天眼"/卞毓麟著.—上海：上海科学普及出版社，2021
(科普新说丛书)
ISBN 978-7-5427-6961-9

Ⅰ.①追… Ⅱ.①卞… Ⅲ.①天文学—普及读物 Ⅳ.①P1-49

中国版本图书馆CIP数据核字(2021)第082492号

策划统筹　蒋惠雍
责任编辑　柴日奕
装帧设计　王培琴
技术服务　曹　震

追星传奇
——从大地形状到"中国天眼"
卞毓麟　著
上海科学普及出版社出版发行
(上海中山北路832号　邮政编码200070)
http://www.pspsh.com

各地新华书店经销　上海丽佳制版印刷有限公司印刷
开本 787×1092 1/16　印张 17.5　字数 270 000
2021年6月第1版　2021年6月第1次印刷

ISBN 978-7-5427-6961-9
定价：68.00元

本书如有缺页、错装或坏损等严重质量问题
请向工厂联系调换
联系电话：021-64855582

《科普新说》是贯彻《全民科学素质行动计划纲要》，为电视台设立科普栏目提供内容而打造的国内首档大型电视科普系列节目。主要有纪录片式、讲坛式和动画短片式等类型，其中多样化的科学知识经过众多科学家及科技人员的努力，已经变成了脍炙人口、言简意赅的科学新说。希望用最简单有效的方法普及科学知识，惠及百姓民生，真正达到科学让生活更美好的境界。

上 海 市 科 学 技 术 协 会
上 海 科 技 发 展 基 金 会　特约出版

《追星传奇——从大地形状到“中国天眼”》
视频二维码

打开微信扫一扫
同步视频轻松看